JN440518

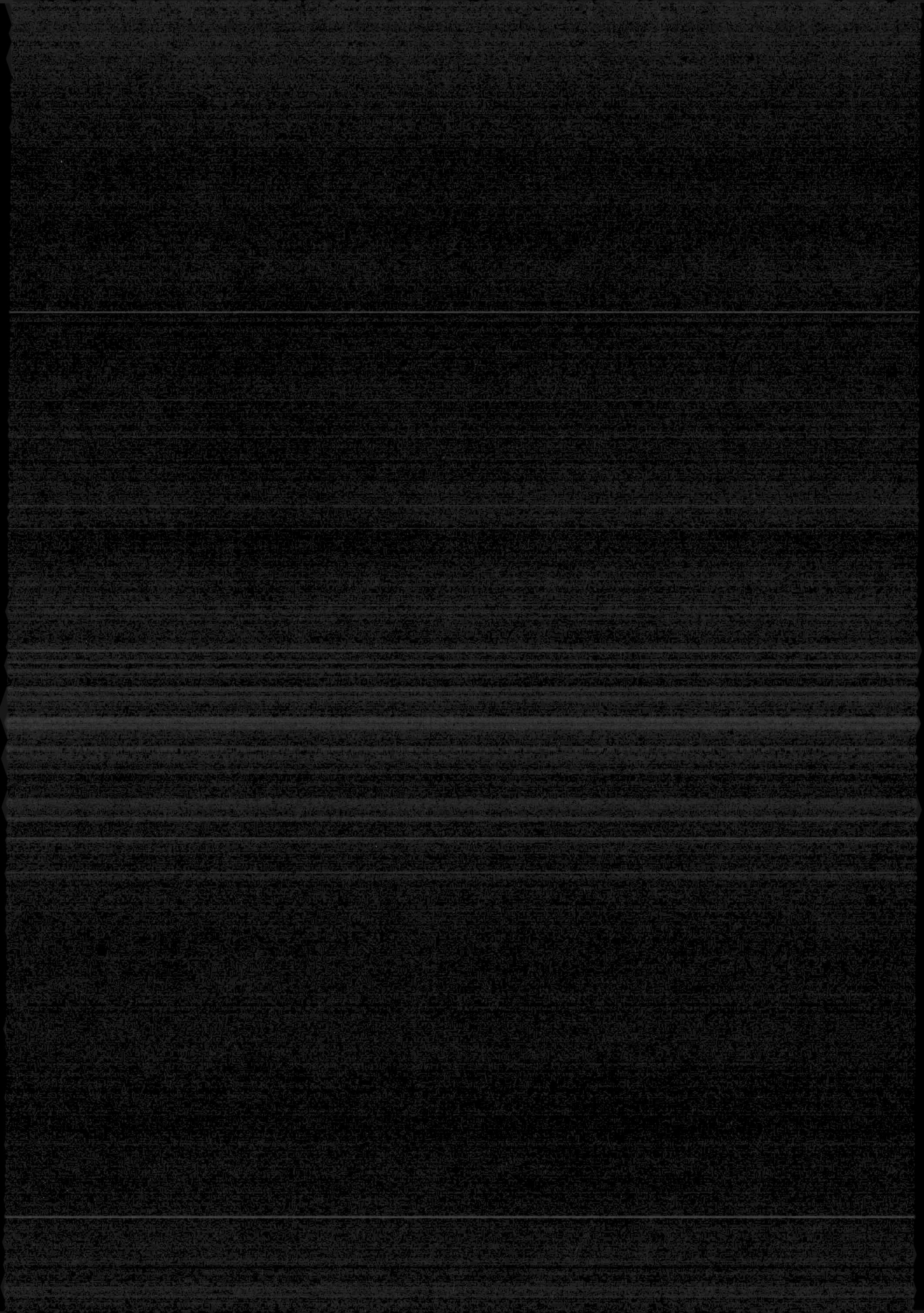

조명과 빛공해

Sustainable Lighting and Light Pollution

김정태 · 김충국 · 임종민 · 양우근 · 구진회 · 김 곤 · 이명기 공저

미래창조과학부 한국연구재단지정(ERC)
지속가능건강건축연구센터
도시환경과 건강건축시리즈 1

머리말

「조명과 빛공해」를 펴내며

인류는 태초부터 유목민생활과 농경사회에서 태양계에 순응하며 태양을 중심으로 밤과 낮의 시간 속에 일상을 영위하며 살아왔습니다. 산업사회로 들어들면서 밤에도 낮처럼 생산성을 높여야 하고, 안전한 보호공간을 만들기 위해 인공조명을 발명하면서 경제성장은 눈부시게 발전하였습니다. 그러나 경제성장과 편리한 생활 이면에는 또 다른 역기능이 나타났습니다. 과도하고 기능적이지 못한 조명의 오남용으로 말미암아 인간의 건강과 생태계에 위해를 가하는 경우가 발생하였습니다.

국제다크스카이협회(International Dark-Sky Association : IDA)에서는 이러한 빛의 잘못된 사용에 따른 빛의 역습을 빛공해(light pollution)로 정의하고, 인간과 생태계를 보호하고 조명을 올바르게 사용하기 위해 전 세계적인 캠페인을 벌이고 관련 사업을 운영하여 왔습니다. 이에 따라 세계 여러 국가에서 관련 법규와 규정이 제정되고, 국제조명위원회에서도 빛공해와 관련된 장해광에 관한 규정이 제정되었습니다.

우리나라에서는 그동안 좋은빛환경을 형성하기 위한 관심과 노력, 그리고 적절한 배광을 통해 도로, 골목길, 오픈스페이스, 광고, 장식 및 경관조명을 안전하면서 미적이며, 또한 감성적인 공간으로 만들어가는 데 대한 연구가 소홀하였으며, 일반 국민들 역시 이에 대한 관심이 부족하였습니다. 서울시는 도시조명이 갖고 있는 공해적인 문제점을 파악하고 행정을 통해 이를 해결하기 위하여 '빛공해 방지 및 도시조명관리 조례'를 2010년 7월 15일 우리나라에서 최초로 제정하여 조명환경관리구역을 설정하였습니다.

즉 조명환경관리구역별로 빛방사 허용량을 규제하고 '빛공해방지위원회'를 운영함으로써 공해의 빛이 아닌 생명의 빛을 통해 사람, 생태계 및 도시가 공생할 수 있는 터전을 마련하였습니다. 따라서 조명환경관리구역별로 조명기준을 준수함으로써 건물과 환경적 요소를 조명의 휘도, 조도, 색온도, 연색성, 밝음과 어두움의 조화로 도시의 야경을 아름답고 격조 있는 감성화조명이 형성될 수 있도록 예방적 관리체계를 갖추어 오늘에 이르게 되었습니다.

서울시의 이런 창의적인 정책추진과 노력이 '인공조명에 의한 빛공해 방지법' 제정의 태동역할을 하여 마침내 2012년 2월 1일 법률이 제정되고, 1년이 경과한 2013년 2월 2일에 시행령이 제정되어 조명계획의 수립, 설치 및 관리의 제도화가 이루어졌습니다. 이는 조례 수준의 규제가 아닌 국가적 차원의 법률 사례로서 결과적으로 조명 선진국의 진입은 물론, 우리가 다른 나라보다 한발 앞서가는 빛환경관리를 체계적으로 이끌어가는 국가가 되었습니다.

이제 우리는 조명을 관리하는 제도적 장치를 마련하였습니다. 먼저 국민들은 일상생활에서 불필요하고 넘치는 인공조명으로부터 안전한 조명의 수혜를 받기 위해서도 조명에 대한 많은 관심을 가져야 합니다. 또한 조명 디자이너를 비롯한 전문가는 조명의 기획단계에서부터 빛의 유용성과 유해성, 조명의 배광기법, 빛공해 저감방법, 빛의 조사범위와 경계를 명확히 하여 오용 및 남용되는 빛이 없도록 조명을 설계할 책무가 있습니다. 또한 행정가는 우선적으로 시 · 도별 빛공해 환경영향평가를 실시하여 공청회를 통한 조명환경관리구역을 지정해야 하며, 빛공해분쟁 시 조정방안에 대한 준비가 필요한 시점입니다.

시민의 안전, 도시의 정체성, 관광 및 광고를 위하여 조명의 사용을 억제할 수는 없지만 필요한 곳에 적절한 만큼의 조명이 제공되어야 합니다. 또한, 자원이 부족한 우리나라의 실정에서 50% 이상의 옥외조명용 에너지를 줄일 수 있고, 인체의 건강위해를 방지하며 밤하늘의 생태계를 보호할 수 있는 조명이 절실하게 필요한 시점입니다. 자연의 유산인 다크스카이(dark sky)를 우리 스스로가 보존하면서 우리가 사는 곳에서 밤하늘의 별을 헤아리던 그 아득한 청정 하늘의 고향 같이 아름다운 밤하늘을 찾을 수 있기를 바랍니다.

이 책은 이러한 생각을 담은 7명이 모여 지은 것입니다. 앞으로 지속적인 보완 · 개정을 통해 빛공해를 방지하고 아름답고 품위 있는 야간경관 및 조명환경 창출에 기여할 수 있도록 힘쓰겠습니다.

2014년 11월

저자 일동

차 례

빛공해 저감방안 및 효과 | 김 곤

서울시 빛공해 실태 및 관리방안 | 이명기

Contents

Sustainable Lighting and Light Pollution

용어정의

광원(Light Source) : 자체적으로 발광하는 기계 · 기구, 시설 및 기타 물체를 말한다.

공간조명 : 「인공조명에 의한 빛공해 방지법 시행령」 제2조 제1호에 따라 안전하고 원활한 야간활동을 위하여 특정 공간을 비추는 발광기구 및 부속장치를 말한다.

광고조명 : 「인공조명에 의한 빛공해 방지법 시행령」 제2조 제2호에 따라 「옥외광고물 등 관리법」 제3조에 따른 허가대상 옥외광고물에 설치되거나 광고를 목적으로 그 옥외광고물을 비추는 발광기구 및 부속장치를 말한다.

광도(Luminous Intensity) : 점광원에서 주어진 방향의 미소 입체각 내로 나오는 광속을 그 입체각으로 나눈 값으로 단위는 칸델라(cd)를 사용한다.

광반사체(Light Reflector) : 빛을 반사하는 특성을 가진 물체를 말한다.

광속(Luminous Flux) : 광원에서 단위시간당 전파되는 가시광선의 양을 표준분광시감효율과 최대시감도에 따라 평가한 것으로 (식 1)에 따라 표시되며, 단위는 루멘(lm)을 사용한다.

$$\Phi_V = K_m \int \Phi_e(\lambda)\, V(\lambda)\, d\lambda \quad \cdots\cdots\cdots\cdots\text{(식 1)}$$

여기서, Φ_V : 광속

K_m : 최대시감도, 683 lm · W^{-1}

$\Phi_e(\lambda)$: 분광복사속

λ : 파장

$V(\lambda)$: 표준분광시감효율

대상조도(Object Illuminance) : 측정조도에서 배경조도를 뺀 후 얻어진 조도를 말한다.

도형발생기(Pattern Generator) : 각종 영상 재생기기의 동작상태를 점검하기 위해 필요한 시험도형을 만들어내는 신호 발생기를 말한다.

반사광(Reflected Light) : 광반사체에 입사한 후 반사되어 되돌아오는 빛을 말한다.

발광표면(Light Emitting or Reflecting Surface) : 조명기구 및 그 조명기구가 광고 또는 장식을 목적으로 비추는 사물의 바깥면을 말한다. 이 경우 점멸 또는 동영상 변화가 있는 조명의 경우에는 연출주기 동안 발광하는 모든 부위를 포함한다.

배경조도(Background Illuminance) : 측정조도의 측정위치에서 대상조명이 없을 때 이 시험기준에서 정한 측정방법으로 측정한 조도를 말한다.

시야각(Angle of View) : 면휘도계의 렌즈에 따라 일정한 화면 내에 촬영할 수 있는 물체 또는 공간 범위의 최대값(각도로 표시)을 말한다.

일반 광고조명 : 점멸 또는 동영상 변화가 있는 전광류 광고물을 제외한 광고조명을 말한다.

장식조명 : 「인공조명에 의한 빛공해 방지법 시행령」 제2조 제3호에 따라 건축물, 시설물, 조형물 또는 자연환경 등을 장식할 목적으로 그 외관에 설치되거나 외관을 비추는 발광기구 및 부속장치를 말한다.

전광류 광고물 : 「인공조명에 의한 빛공해 방지법 시행령」 제2조 제2호에 따른 조명기구 중 발광(發光)다이오드, 액정표시장치 등 전자식 발광기구 또는 화면변환의 특성을 이용하여 표시내용이 수시로 변하는 문자 또는 모양을 나타내는 조명기구를 말한다.

점멸 · 동영상 전광류 광고물 : 점멸 또는 동영상 변화가 있는 전광류 광고물을 말한다.

점멸광(Flickering Light) : 5분 이하의 주기로 점멸하는 빛을 말한다.

점휘도계(Point Luminance Meter) : 광원 또는 광반사체의 점휘도(측정각 $\frac{1}{3}°$ 이하의 영역)를 측정하는 기기로 광고 또는 장식조명의 발광표면 휘도기준 중 최대값을 측정하는 기기이다.

정상광(Steady State Light) : 시간적으로 빛의 밝기가 변동하지 아니하거나 또는 변동폭이 작은 빛을 말한다.

조도(Illuminance) : 주어진 면상의 점을 포함하는 미소면 요소에 입사하는 광속을 그 미소면 요소의 면적으로 나눈 값으로 단위는 럭스(lx) 또는 lm/㎡를 사용한다.

중성필터(Neutral Density Filter) : 면휘도계의 수광면에 들어오는 빛을 전체 가시파장 영역에 걸쳐 일정한 비율로 감소시키는 필터를 말한다.

측정각(Measurement Angle) : 점휘도계의 렌즈에 따라 광전소자(빛 측정 센서)에서 빛을 받아들이는 입체각의 크기를 말한다.

측정면(Measuring Plane) : 빛공해 측정 대상이 되는 면을 말하며, 휘도의 경우는 발광표면, 조도의 경우는 피조면(被照面)이 측정면이 된다.

측정조도(Target Illuminance) : 이 시험기준에서 정한 측정방법으로 측정한 조도를 말한다.

측정휘도(Target Luminance) : 이 시험기준에서 정한 측정방법으로 측정한 휘도를 말한다.

평가조도(Illuminance for Estimation) : 대상조도를 조도 측정 허용오차에 따른 조도보정값으로 보정한 후 얻어진 조도를 말한다.

평가휘도(Luminance for Estimation) : 측정휘도를 휘도 측정 허용오차에 따른 휘도보정값으로 보정한 후 얻어진 휘도를 말한다.

표준광원(Standard Light Source) : 특정한 분광분포, 광도 또는 광속을 가지고 측광, 측색의 표준으로 사용되는 광원을 말한다.

표준분광시감효율(Spectral Luminous Efficiency of the CIE Standard Photometry) : 빛의 파장별 밝기에 대한 사람 눈의 민감도를 나타내며, 가장 민감한 파장의 빛에 대한 민감도 대비 특정 파장 빛의 민감도 비로 CIE(국제조명위원회, CIE S 010)에 의하여 규정된 값을 말한다.(명순응상태에서 약 555 nm(나노미터, 녹색과 노란색 사이) 파장의 빛에 대해 최대값('1')을 갖는다)

휘도(Luminance) : 발광면, 수광면 또는 빛의 전파 경로 단면상의 주어진 점 및 주어진 방향에 대해 주어진 점을 포함한 미소면 요소를 통하고 주어진 방향을 포함한 미소 입체각 요소 내의 광속을 미소면 요소 면적과 미소 입체각으로 나눈 값으로 단위는 cd/㎡ 을 사용한다.

CIE 표준광원 A(Standard Source A) : CIE 표준광원(CIE S 014-2 및 ISO 11664-2)의 일종으로 분포온도 약 2,865 K로 점등한 가스가 들어 있는 텅스텐 전구를 말한다.

(가나다순)

1장 조명: 문화와 공해의 양면성

1.1 야간경관과 빛공해

환경이란 기본적으로 눈에 보이는 피사체이며, 조명이란 눈에 보이는 피사체를 광학적으로 완성시키는 작업이다. 눈이 빛을 통하여 생활의 대상물을 인식해 온 것은 인류의 역사와 궤를 같이 해오고 있으며 인류문명 또는 문화의 소산물을 경험하는 대표적인 시각적 기법이 조명이다. 따라서 대부분의 아름다운 피사체는 디자인되는 과정에서 해당 피사체와 조명과의 관계에서 어떻게 시각적, 미학적으로 인식될 것인가를 고민하여 결과화된 산물이라 할 수 있다.

야간활동이 급격히 늘어난 현대도시생활에서 옥외조명과 야경의 역할은 단순한 상업적 광고의 역할뿐만 아니라 도시의 지역문화의 개성을 창출하는 시각적 매체이며 안전과 도시형상을 결정하는 가장 중요한 요소이다. 경관조명은 야간이라는 시각적 소재를 바탕으로 조명을 활용하여 야간의 대상물에 생동감을 부여하고 성격에 따라 시각적으로 강조·미화함으로써 지역의 야경을 한 차원 끌어올려 쾌적한 야간경관을 형성하는 것을 목적으로 한다.

많은 전문가들이 도시경관 조명은 건축, 도시, 조경, 경관, 전기설비, 물리학, 생리학 등 이공학적 지식뿐만 아니라 심리학, 미학 등 인문학적 요소까지 종합하여 디자인해야 한다고 주장하고 있다. 즉 경관조명은 과학이고, 기술이며, 인문이며, 최종적으로는 예술로도 표현되는 창의적인 설계창작품이라고 할 수 있다. 그러나 상업적 광고 수단으로 야간조명을 과다하게 사용함으로써 시각적으로 불쾌감과 생태계에 위해를 미치는 공해적 특성을 지니는 양면성도 있다. 도시조명은 문화와 공해의 두 얼굴을 가지고 있어 도시의 야간경관계획 단계에서 도시계획가와 건축가, 그리고 조명디자이너의 협업을 통해 경관과 조화로운 조명이 설치되고 관리되어야 한다.

우리나라의 도시경관조명은 1988년 서울올림픽을 전후하여 서울시에서 행정적으로 설치한 이후, 약 25년이 지난 지금에 이르렀으며 도시경관조명은 각 지방자치단체에서 경관조명 설치에 큰 비중을 두어 이미 국제적으로 인정받는 조명작품도 많이 나타나고 있다.

그러나 아직 경관조명에 대한 인식이 부족하고, 경관대상에 대한 구체적 상황을 고려하지 않은 채 설치하기 때문에 에너지낭비뿐만 아니라 빛공해를 유발시키는 부정적 측면도 있다. 안타깝게도 각 지자체의 조명철학에 대한 인식 부재로 특색없는 건축물 조명, 무분별한 밝기의 거리간판이 양산되고 있다. 지나치게 밝은 조명은 건물과 도시의 문화적 품위를 저하시키고, 심지어 산이나 강 등 생태계 교란이 우려되는 지역까지 경관조명이 설치되고 있다. 이는 조명대상으로서 각 도시의 아이덴티티 부재와 조명디자이너와 정책입안자가 환경보호의식, 경관조명수법 및 조명기구의 성능에 대한 지식이 부족한 것에 연유한다. 물론 도시의 조명관리제도가 완벽하지 않고, 조명설계 수준도 높지 않으며, 디자이너의 조명설계능력이 빠르게 발전하는 조명환경에 적응하지 못한 것도 주요 원인으로 판단된다.

빛의 종류도 여러 가지이듯 빛을 연출하는 기법도 다양하다. 개성 있는 밝은 조명이 높이 평가받아야 하는 경우도 있으며, 반대로 어둠이 주도하는 야경이 소중히 보존되어야 하는 지역도 있다. 조명계획 초기단계에서 가장 중요한 것은 얼마만큼 밝게 할 것인가 하는 양적인 문제에서 벗어나 어느 부분을 밝게 하고 어느 부분을 상대적으로 어둡게 할 것인가 하는 질적인 명제로 발전되어야 한다. 따라서 야간의 조명대상에 대하여 어떻게 빛의 명암을 연출할 것인지, 또한 조명을 치밀하고 체계적으로 계획하여 필요 이상의 조도와 휘도를 방지하고 어떻게 절제된 조명으로 아름답고 품위 있는 도시경관을 연출할 수 있을 것인가를 고민할 시점이다.

1.2 빛공해 정의 및 유형

국제적으로 빛공해에 관한 활동을 총괄하는 국제다크스카이협회(International Dark-Sky Association : IDA)에서는 인공조명이 일으키는 다양한 부정적인 영향을 통칭하여 빛공해(light pollution)라 정의하고 있다. 즉 빛공해는 필요한 시간대가 아닌 상황에, 필요하지 않은 곳에, 필요 이상으로 과다한 빛을 인공적으로 제공함으로써 발생한다. 예를 들면 사용하지 않는 텅빈 주차장에 밤새도록 공간조명이 켜져 있어 밤하늘이나 침실공간에 유입되는 과다불빛의 경우이다.

빛공해는 빛의 낭비부터 이산화탄소 과다배출, 인체와 동식물에 잠재적 위해, 밤하늘을 낮처럼 밝게 만드는 경우에 이르기까지 다양한 문제점을 야기한다. 이러한 위해성은 특히 인구밀집지역에서 더욱 문제되며 어떻게 효율적으로 규제할 것인가가 법적 핵심이다.

건축적 측면에서 빛공해란, 양호한 조명환경이 조명대상 범위 밖으로 새어나오는 빛(spill light)에 의해 장해를 받고 있는 상황 또는 이에 따른 조명환경의 이용자에게 미치는 악영향을 의미한다.

국제조명위원회(Commission Internationale de l'Eclairage : CIE)에서는 빛공해를 '인공조명의 역효과를 일으키는 요소들의 총칭'으로 정의하고 있다. 영국의 조명기술자협회(The Institution of Lighting Engineers : ILE)에서는 침실 창면으로 들어오는 빛으로 인해 수면이 방해되거나 야간에 하늘을 바라보는 데 방해하는 장해광(obtrusive light)을 빛공해로 정의하고 있으며, 심각한 심리적·환경적 문제를 야기할 수 있다고 명시하고 있다.

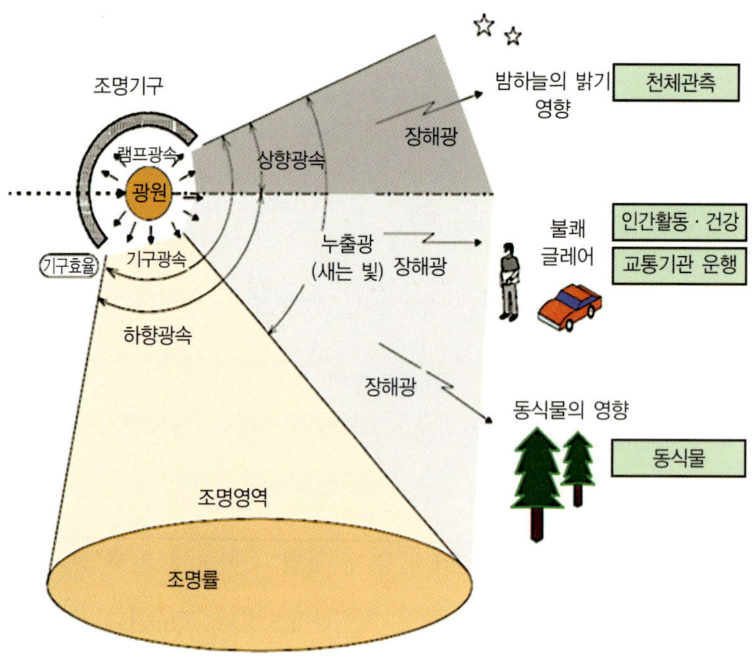

그림 1.1 빛공해의 개념과 종류

아울러 북미조명공학회(Illuminating Engineering Society of North America : IESNA)에서는 '빛공해란 하늘로 직접적으로 향하거나 혹은 표면에 반사되는 빛으로 인하여 천문관측이나 야간의 하늘을 인식하는 데 방해가 되는 빛'으로 정의하고 있다.

IDA(The International Dark-Sky Association)에 의하면 빛공해는 인간과 환경에 영향을 미치는 원인과 조명의 유형에 따라 다음과 같이 스카이글로우(sky glow), 글레어(glare), 침입광(light trespass), 군집광(light clutter)을 포함한 인공조명으로 인하여 야간의 가시도(可視度)에 악영향을 미치고, 에너지를 낭비하는 5가지 유형으로 분류한다.

1.2.1 스카이글로우(sky glow)

스카이글로우란 조명기구에 의한 상향광과 지면 및 건조물의 반사광 등이 대기 중의 수증기나 안개에 의해 산란·확산·굴절되면서 하늘이 전체적으로 밝아지고 뿌옇게 보이는 현상이다. 물론 이런 현상은 먼지, 꽃가루나 박테리아, 식물의 포자, 바다에서 나오는 염분 및 공장과 자동차에서 내뿜는 오염물질에 의해서도 일어날 수 있다. 대기 중에 오염물질이 산재해 있고, 인공조명의 사용도가 높은 도시지역에서 더욱 많이 일어나는 현상으로써 하늘이 밝아지는 현상은 특히 밤하늘의 전체적인 밝기를 밝게 하여 일반인과 천문학자에게 별을 관측할 수 없게 만든다.

1929년 허블이 우주팽창을 발견한 것으로 유명한 윌슨산 천문대의 경우, 이 근처에 있는 로스앤젤레스시의 영향으로 하늘의 밝기가 기존보다 6배나 밝아져 1985년 결국 천문대를 폐쇄해야 했을 정도로 하늘밝아짐현상이 천체관측 환경에 미치는 영향은 심각했다. 도시의 일반시민, 특히 자연과 과학에 대해 순수한 호기심을 키워나가야 할 아이들이 맨눈으로 밤하늘의 별과 은하수를 감상할 수 없는 것도 하늘밝아짐현상이 인간에게 미치는 피해라고 할 수 있다.

그림 1.2 서울의 야간 산란광

1.2.2 눈부심(Glare)

눈부심현상이란 시야 내에 과도한 밝기나 휘도 대비로 인해 시각적으로 불쾌함을 주거나 강렬한 빛이 우리의 눈으로 직접 들어와서 일시적으로 시각을 마비시키는 현상을 말한다. 보행자나 야생동물이 자동차의 강한 헤드라이트 불빛으로 순간적인 시각마비상태를 일으켜 교통사고의 위험에 직면하는 경우는 흔히 일어나고 있다. 도시의 각종 광고물과 조명등에서 필요 이상으로 휘도가 밝게 설치되어 있는 경우가 있는데, 이러한 조명이 사람의 눈으로 직접 들어오면 자동차의 전조등과 같은 효과를 일으켜 보행자와 운전자의 안전을 위협할 수 있다. 글레어는 시각적으로 다음과 같이 세 가지로 분류할 수 있다.

① **불능글레어(Disability Glare)** : 안구 내부에 입사하는 강한 빛이 산란하여 시각을 방해하거나 눈의 순응휘도를 높여 피사체를 인식할 수 없게 하는 현상(10,000 cd/㎡ 이상인 경우 자극)

② **불쾌글레어(Discomfort Glare)** : 잘 보이지 않을 정도는 아니나 시야 내에 매우 높은 휘도의 물체가 있을 경우 거북하고 불쾌감을 주는 현상

③ **반사글레어(Reflection Glare)** : 인쇄물이나 벽면 등의 표면에서 반사한 빛이 시야에 들어와 잘 보이지 않거나 광택이 있는 표면이 광원에 반사되어 식별하기 어려운 현상

그림 1.3 조명기구에 의한 눈부심

1.2.3 침입광(Light trespass)

침입광현상이란 조명을 의도하지 않은 곳, 원하지 않는 곳 또는 필요하지 않는 곳에 빛이 비추어 빛에 의한 피해가 발생하는 현상을 말한다. 예를 들면, 가로등은 보행자가 지나가는 영역만을 밝히면 충분하지만 대부분의 경우 빛공해의 영향을 고려하지 않은 설계로 인하여 빛이 사방으로 퍼져나가게 된다. 이렇게 퍼져나간 빛은 야생 동식물들의 생체리듬을 교란시키며, 주택의 창문으로 직접 침투해 수면을 방해한다. 이와 같은 영향이 장시간 계속되면 인간에게 건강상의 악영향을 끼치거나 생태계에 심각한 불균형을 초래할 수 있다.

그림 1.4 보안등 및 가로등에 의한 침입광

1.2.4 군집광(Clutter)

군집광은 한 장소에 다양한 색채의 조명원이 집중되어 있는 것으로써 우리나라의 경우 근린생활시설이 집중적으로 모여 있는 건물의 외관에서 흔히 찾을 수 있으며, 특히 잘못 설계된 도로나 길가에 놓인 밝은 광고물에 의해 많이 나타난다. 밝고 현란하게 집중된 빛은 혼란스러움을 가져올 수 있고, 주의를 산만하게 할 수 있어 다양한 사고의 위험성이 내재되어 있다. 조명이나 광고물을 설치한 개인 및 단체의 목적에 따라 결정되는 조형물의 위치와 디자인은 운전자를 방해

그림 1.5 전광판 및 경관조명에 의해 집중된 빛

할 수 있고 주변의 시각적 사고율을 높일 가능성이 있다.

1.2.5 과도한 빛(Over-illumination)

과도한 빛은 말 그대로 필요 이상으로 쓰이는 빛을 말한다. 미국에서는 과도한 빛에 의해 쓰이는 에너지의 양이 하루에 대략 5천 만 드럼통의 석유가 발전을 위해 소비되는 양과 같다. 이러한 양은 미국 전체의 공장과 가정에서 쓰이는 에너지의 30%에 달한다. 과도한 빛은 다음과 같은 몇몇 요소에 의해 발생한다.

① 타이머를 사용하지 않거나 불필요시 자동으로 빛을 꺼주는 센서 미사용

② 일하는 장소에서 사용되는 조명디자인이 개선되지 않거나 필요 이상으로 사용

③ 필요 이상으로 에너지를 소모하는 조명 사용

④ 건물관리자의 불충분한 빛관리 교육으로 생기는 에너지사용의 비효율성

⑤ 에너지사용 비용이 높아졌음에도 불구하고 인지하지 못하는 경우

이와 같은 빛공해 요소의 대부분은 쉽게 개선될 수 있으나 우선 빛의 남용에 대한 관심과 남용을 방지하는 노력이 필요하다. 가장 중요한 것은 과도한 빛을 줄이는 데 있어서 필요성 재검토와 규제 마련, 그리고 공공의 인식 향상이 필요하다.

1.3 빛공해의 기준 및 방지법령

도시에서 야간활동 인구가 증가하면서 도시조명은 점점 밝아지고 있고, 무분별한 경관조명은 도시에 필요 이상의 밝기를 제공하고 있다. 과다하고 부적절한 조명은 에너지낭비뿐만 아니라 빛공해를 유발시키므로 적절히 제어되어야 한다. 경관조명이 날로 확산되고 있는 현시점에서 도시차원의 체계적이고 종합적인 야간조명관리방안이 필요하며 또한 빛공해 방지대책이 시급히 필요하다 하겠다.

빛공해는 우리나라만의 문제가 아니며 이미 세계적으로 심각한 문제로 인식되고 있어 선진국들은 극히 일부 경관조명을 제외하고는 조명을 규제하고 관리하는 추세이다. 국제적인 빛공해 방지법을 주도하고 있는 국제다크스카이협회는 '매년 45억 달러가 불필요한 조명에 의해 낭비되고 있다'고 보고하고 있다. 따라서 미국과 일본, 이탈리아, 칠레, 호주 등에서는 빛공해의 심각성을 인식하고 빛공해 방지법과 조례 등을 제정하여 시행하고 있다.

미국의 빛공해 관련법은 1972년 애리조나주에서 시작되었으며, 인공빛으로 인해 천체관측이 어려워지자 관측에 방해되는 인공빛을 제한하기 위하여 1992년부터 100개 이상의 도시에서 '빛공해 방지 조례'와 '도로조명의 조례'가 함께 제정됐다. 그후 각 주에서 빛공해 관련법규가 생겨나게 되어 미국 북동부 코네티컷주는 현존하거나 새로 설치될 가로등에 빛이 옆으로 퍼지거나 하늘을 향해 발산하지 못하도록 빛차단 구조물을 설치하도록 하고 있다.

일본은 오카야마현의 미세이치쵸에서 '아름다운 성공(星空)을 지키는 미세이치쵸 광해 방지 조례'가 1989년에 제정되면서 처음으로 빛공해 관련제도가 제정되었다. 그후 각 지역에서 빛공해 관련 조례가 제정됐고, 중앙정부차원에서는 1998년 빛공해 대책 가이드라인이 만들어졌다. 일본 환경성의 빛공해대책 가이드라인에서는 빛공해 영향 대상을 동식물에 대한 영향과 인간생활에서의 영향으로 나눠 관리하고 있다.

빛공해와 관련하여 세계적으로 가장 높은 수준의 법적 규제방안을 채택하고 있는 나라 중 하나는 영국이다. 영국은 지난 수십 년 간 천문관련단체와 농촌보호협회를 중심으로 빛공해 문제가 지속적으로 제기되다가, '청정근린환경법 2005(Clean Neighborhoods and Environment Act 2005)'에 타인에게 위해한 빛, 즉 눈부심을 발생시켰거나 시각적 프라이버시에 영향을 미치는 빛의 침입을 발생시킨 사람을 처벌할 수 있는 규정을 제정했다.

이밖에 이탈리아나 호주, 칠레 등도 빛공해에 관한 규정을 마련하고, 호주와 칠레는 정부차원에서 빛이 위를 향하는 조명을 규제하고 있으며, 이탈리아는 매년 10월 4일을 '빛공해 인식의 날'로 정하고 있다.

우리나라는 에너지절약을 위한 국가적 차원에서 도시경관조명을 장려하지 않았으나, 1988년 서울올림픽 개최를 앞두면서부터 어두운 서울의 모습을 밝게 하기 위하여 서울시가 시범적으로 역사적 건축물에 경관조명을 설치하고 민간건축물에도 경관조명을 권장하면서부터 활성화되었다. 이후 세계 어느 국가보다 경관조명이 급격하게 활성화되어 전국의 여러 도시들이 '빛의 도시'를 표방하며 옥외조명을 설치하였다.

서울시의 경우 매년 수면방해를 일으키는 과잉조명에 대한 민원이 약 500건 정도 발생하고 있으며, 전국적으로 과잉조명으로 인한 빛공해 관리에 대한 국민들의 의식이 점점 증대되고 있다. 이에 따라 인공조명에서 발생하는 과도한 빛으로 인한 국민건강 또는 환경에 대한 위해(危害)를 방지하고 인공조명을 환경친화적으로 관리하여 모든 국민이 건강하고 쾌적한 환경에서 생활할 수 있게 함을 목적으로 '인공조명에 의한 빛공해 방지법'이 제정돼 2013년 2월부터 시행되고 있다. 짧은 기간 동안 많은 옥외조명이 설치되는 과정에서 에너지낭비와 생태계 파괴 등 여러 가지 문제점에 직면하게 되어 결국은 인공조명을 관리하기 위한 법적 제도가 마련된 것이다.

1.3.1 한국의 '인공조명에 의한 빛공해 방지법'

인공조명에 의한 빛공해란 인공조명의 부적절한 사용으로 인한 과도한 빛 또는 비추고자 하는 조명영역 밖으로 누출되는 빛이 국민의 건강하고 쾌적한 생활을 방해하거나 환경에 피해를 주는 상태를 말한다. 조명을 공해적 좋고 나쁨을 판단하는 것은 매우 어려운 일이나 물리적 요소로서 광학적인 기법으로 판단이 가능하다. 인공조명에 의한 빛공해 방지법에 의하면 시 · 도지사는 빛공해의 발생원(조명기구)과 수용체(인체 및 생태계) 현황을 고려하여 빛공해가 발생하거나 발생할 우려가 있는 구역의 특성에 맞게 4개 종의 조명환경관리구역을 고지하여 차별적으로 야간의 빛방사 허용기준을 적용하고 관리하도록 되어 있다.

또한 주거지 창면의 연직면 조도 허용기준을 규정함으로써 야간에 주거지의 건강한 수면을 보장하도록 하고 장식조명과 광고물조명의 발광면, 표면휘도에 대한 빛방사 허용기준을 제시함으로써 에너지절약을 유도하고 있다.

표 1.1 우리나라 조명환경관리구역 구분

구분	범위	토지용도
제1종	과도한 인공조명이 자연환경에 부정적 영향을 미치거나 미칠 우려가 있는 구역	자연환경보전지역, 보전 · 자연녹지지역 등
제2종	과도한 인공조명이 농림수산업의 영위 및 동 · 식물의 생장에 부정적 영향을 미치거나 미칠 우려가 있는 구역	농림지역, 생산녹지지역 등
제3종	국민의 안전과 편의를 위하여 인공조명이 필요한 구역으로서 과도한 인공조명이 국민의 주거생활에 부정적인 영향을 미치거나 미칠 우려가 있는 구역	주거지역 등
제4종	상업활동을 위하여 일정 수준 이상의 인공조명이 필요한 구역으로서 과도한 인공조명이 국민의 쾌적하고 건강한 생활에 부정적인 영향을 미치거나 미칠 우려가 있는 구역	상업지역 등

표 1.2 우리나라 빛방사 허용기준(표면휘도/단위 : cd/㎡)

구분 / 조명기구	적용시간	기준값	조명환경관리구역			
			1종	2종	3종	4종
장식조명	일몰 후 60분 ~ 일출 전 60분	평균값	5		15	25
		최대값	20	60	180	300
일반 광고조명	일몰 후 60분 ~ 일출 전 60분	최대값	50	400	800	1,000
점멸 · 동영상 전광류 광고물	일몰 후 60분 ~ 24:00	평균값	400	800	1,000	1,500
	24:00 ~ 일출 전 60분		50	400	800	1,000

표 1.3 우리나라 빛방사 허용기준(조도/ 단위 : lx = lm/㎡)

구분 / 조명기구	적용시간	기준값	조명환경관리구역			
			1종	2종	3종	4종
점멸 · 동영상 전광류 광고물	일몰 후 60분 ~ 일출 전 60분	최대값	10			25
공간조명						

'인공조명에 의한 빛공해 방지법'에 따르면 환경부 장관은 5년마다 빛공해 방지 계획을 수립해야 하며 각 지자체별로 조례를 지정해야 한다. 조명관리구역은 4등급으로 나눠 지자체에서 관리하고 환경부 장관과 지식경제부 장관이 협의해 빛방사 허용기준을 마련하도록 정하고 있다. 더불어 빛방사 허용기준을 위반한 경우 개선명령을 내리고, 명령 불이행 시에는 1천만 원 이하의 이행강제금을 부과하도록 정하고 있다. 구체적인 기준과 법령 해설은 본 책의 4장을 참조하기 바란다.

1.3.2 IDA의 옥외조명 조례 모델

국제다크스카이협회(International Dark-Sky Association : IDA)는 1998년에 설립되어 75개국 약 12,000명 회원으로 구성된 단체로써 'dark sky 운동'을 주도하고 있는 협회이다. IDA는 옥외조명으로 인하여 천체관측이 불가능해질 뿐만 아니라 과다한 조명은 에너지낭비 및 시각적 불쾌감을 일으키고 있으므로 전 지구적인 관심사인 CO_2를 저감하여 지구온난화를 방지하고, 옥외조명을 효율적으로 이용하자는 운동을 하고 있다.

즉 'Good lighting, not no lighting'이란 모토 아래 조명을 하지 말자는 것이 아니라 필요한 곳에만 좋은 조명을 하여 불필요한 상향조명이나 과잉조명을 방지함으로써 'dark sky'를 조성하자는 운동을 전개하고 있다. 최근 IDA는 북미조명공학회(Illuminating Engineering Society of North America : IESNA)와 공동으로 빛공해를 방지하기 위한 옥외조명 조례 모델(Model Outdoor Lighting Ordinance : MLO)을 개발하였으며 MLO의 주요목적은 다음 5가지로 정리될 수 있다.

① 에너지와 자원을 최대한 보호

② 장해광 등 주변에 미치는 악영향을 최소화

③ 빛공해를 줄여 야간 자연환경보호

④ 천체관측 및 경관감상을 위하여 밤하늘이 자연상태로 보전되도록 노력

MLO에서는 각 지방자치단체가 지역의 특성에 맞도록 옥외조명의 밝기를 제한하기 위하여 5단계의 조명구역을 설정하고 있다. 또한 BUG(Backlight-Uplight-Glare) 등급을 도입하여 과도한 조명을 방지하고, 간편한 현장조사 시간을 편성하는 방안 등을 제시하고 있다. 표 1.4는 MLO의 5단계 조명구역을 나타낸 것이다.

표 1.4 MLO 5단계 조명구역

구분	조명구역	내용
LZ0	조명 금지	동식물의 생식주기 및 자연환경에 심각한 악영향을 주는 지역
LZ1	낮은 밝기의 조명	동식물에 악영향을 줄 가능성이 있고, 거주민이 어두운 환경에 적응된 지역
LZ2	중간 밝기의 조명	거주민이 중간 정도 밝기에 적응된 지역 보안, 보호, 편의 조명이 필요한 곳에만 설치
LZ3	중간 보다 밝은 조명	거주민이 중간보다 밝은 밝기에 적응된 지역 보안, 보호, 편의 조명이 대부분 필요한 지역
LZ4	높은 밝기의 전반 조명	거주민이 높은 밝기에 적응된 지역 보안, 보호, 편의조명이 항상 필요한 지역

1.3.3 국제조명위원회(CIE)의 장해광 규제 가이드

국제조명위원회(CIE)는 조명과 색채에 대하여 국제적 표준을 제정하는 단체로서, 빛공해를 방지하기 위하여 2003년 3월 「옥외조명설비에 따른 장해광 규제 가이드(CIE150-2003 : Guide on the limitation of the effects of obtrusive light from outdoor lighting installations)」를 발행하였다. CIE에서는 장해광을 제어하면 빛공해가 방지되는 것을 전제하여 장해광 규제에 관한 조명기술적 요소를 다음 다섯 가지로 규정하였다.

① **연직면조도** : 주거 등에 미치는 침입광 제한

② **조명기구의 광도** : 시야 내의 눈부신 조명기구 제한

③ **역치(閾値) 증가** : 교통기관에 대한 영향 제한

④ **상향광속** : 대기 중의 산란광 제한

⑤ **건물표면(간판면)의 휘도** : 과잉조명 제한

각 요소마다 규제해야 할 권장상한값(규제값)을 다음 사항을 고려하여 결정하였다.

① 해당 지역의 조명레벨

② 조명의 작동시간

③ 조명에 사용되는 조명기술 타입

④ 조명설비 설계단계 및 평가단계에서 용이하게 검증할 수 있는 기술데이터

이를 위하여 CIE에서는 빛공해 측면에서 지역의 밝기에 따라 환경구역을 4개 지역(E1, E2, E3, E4)으로 분류하고, 또한 적용시간대를 2개(Curfew전과 Curfew 이후)로 구분하여 규제값을 적용할 수 있도록 하였다.

CIE에서 규정한 4개 환경구역은 표 1.5와 같다.

표 1.5 CIE 조명환경구역의 분류

지역	주변	환경지역의 밝기	적용
E1	자연	어두운 경관의 지역	국립공원
E2	교외	낮은 휘도 분포지역	산업단지, 교외 주거지역
E3	도시	중간 정도의 휘도 분포지역	산업단지, 주거지역
E4	도심	높은 휘도 분포지역	도심지, 상업지역

(1) 연직면조도

보통 어두운 거실(예를 들면 침실 등)에 옥외조명의 빛이 스며들 경우 창면의 밝기가 거주자의 수면과 프라이버시에 영향을 미치게 된다. CIE150에서는 이 영향을 창면의 연직면조도로 표시하고, 모든 조명기구의 직접광(반사광 제외) 성분의 합으로 규제한다.

표 1.6 CIE 연직면조도 상한값

조명기술 요소	이용조건	환경구역			
		E1	E2	E3	E4
연직면조도 (Ev : ℓx)	소등 전	2	5	10	25
	소등 후	0	1	2	5

(2) 조명기구의 광도

발광하는 조명기구가 사람의 눈에 직접 보이는 경우 빛공해와 밀접한 관계가 있다. 휘도값으로 그 영향을 측정하는 것이 일반적인 척도지만 CIE150에서는 이를 휘도가 아니라 취급하기 쉬운 특정방향의 광도(cd)로 규정하고 있다.

표 1.7 CIE 조명기구 광도 상한치(CIE150)

조명기술적 요소	이용조건	환경구역			
		1	2	3	4
조명기구의 광도(cd)	소등 전	2,500	7,500	10,000	25,000
	소등 후	0	500	1,000	2,500

(3) 역치(閾値)

조명기구에서 비치는 강한 빛은 도로이용자(자동차 운전자 또는 보행자)의 시각정보를 손상시키고 안정성을 저하시킨다. 이런 시기능 저하(불능) 글레어의 영향 정도는 도로이용자가 순응하고 있는 조명레벨에 의해 좌우되며, 이를 평가하는 척도로써 도로교통조명에 대한 권고(CIE115-1995)에서는 역치 증가(TI)를 적용하고 있다. 상세한 것은 CIE15를 참조하기 바란다.

(4) 상향광속

상향으로의 빛은 대기 중에서 산란되어 밤하늘을 밝게 만들고 천문관측을 방해하게 된다. 이 규제는 CIE126-1997에서 제시되었으며, 이를 기준으로 CIE150 기준이 제정되었다.

(5) 건물표면(간판면)의 휘도

야간에는 옥외에서 안전하게 활동할 수 있도록 공간의 넓이와 깊이를 느낄 수 있고, 자신이 현재 있는 곳이나 앞으로 진행하고 싶은 방향을 쉽게 파악할 수 있어야 하므로 건물 또는 수목 등의 수직면이나 공간에 밝기(휘도)가 꼭 필요하다. 그러나 너무 밝거나 부적절한 색을 사용하는 장식조명 및 간판조명은 야간의 경관을 강화시키기보다 오히려 장해적인 것으로써 거리 전체의 조명효과를 손상시킨다. CIE150은 이러한 것들을 고려하여 각 환경구역의 최대 허용휘도를 권장하였다.

표 1.8 CIE 표면 평균휘도의 상한값(cd/㎡)

조명기술 요소	환경구역			
	E1	E2	E3	E4
건물표면의 휘도	0	5	10	25
간판의 휘도	50	400	800	1,000

교통관리용 표식에는 적용하지 않으며 주기적 또는 점멸하는 조명이 포함된 간판은 구역 E1 및 E2에서는 사용할 수 없으며, 어떤 구역에서도 점멸형 간판을 주거 건물의 창과 가까운 곳에 배치하지 않는 것이 바람직하다.

1.4 빛공해의 위해

최근 수 년 동안 빛과 인간의 생체리듬에 대한 위해성 및 생태계에 미치는 교란에 관한 연구가 있었고, 그 결과 빛공해에 대한 관심이 커졌다. 인간이 활동하고 생활하는 장소에 불필요한 조명이 비치면 짜증이나 불쾌감, 경관저해 및 어두운 환경유실 등을 발생시킨다. 또 밝기가 높은 광원에 의해 발생하는 글레어는 자동차 운전자 및 보행자의 시인성(視認性)에 장해가 된다.

빛이 인간의 생체리듬에 영향을 주기 위해서는 수 천 룩스(lx) 이상의 조도가 필요하다고 생각했으나 최근의 연구에 의하여 야간 수면시에는 10 lx 전후의 빛도 생체리듬에 영향을 줄 수 있다는 것이 알려지면서 과도한 조명에 대한 불안감이 커지고 있다.

실제로 인공조명으로 인한 생태계 교란의 예는 매우 많다. 달빛과 별빛에 의지해 수 천 킬로미터를 날아가는 철새들이 도심의 밝은 빌딩이나 탑에 부딪혀 한꺼번에 수 천 마리씩 죽거나 엉뚱한 곳으로 날아가고 있다. 연어나 청어는 회귀본능을 잃고 밝은 빛 근처를 맴돌다 육식어종의 먹이가 되는 일이 잦다. 또한 인공조명 근처에서 자라는 농작물은 제대로 성장하지 못해 벼, 콩, 깨, 팥, 조 등의 작물에 쭉정이만 달리게 된다.

빛공해에 의하여 예상되는 위해의 종류는 다음과 같이 다양하다.

1.4.1 산란광에 의한 위해

도시 부근의 인공조명빛이 대기 중의 수분이나 먼지 등으로 확산되면 밤하늘이 밝아져 천문관측에 악영향을 미치고 있다. 일본의 빛공해 대책 가이드라인을 비롯하여 빛공해 대책을 강구하는 모든 국제기구나 국가에서는 가능한 수평보다 상향으로 빛이 새지 않도록 조명기구를 설치하여 밤하늘이 지나치게 밝아지는 현상을 사전에 방지하고 있다.

(a) 조명 없이 하늘의 별을 볼 수 있음

(b) 산란광으로 인하여 하늘의 별을 볼 수 없음

그림 1.6 야간조명으로 인한 하늘의 모습

1.4.2 침입광에 의한 위해

도로·가로등의 옥외조명으로 인한 빛이 주거 내로 강하게 스며들면 거주자의 안면이나 프라이버시 등에 나쁜 영향을 끼칠 우려가 있다. 대부분의 나라와 국제기관의 빛공해 관리규정에는 거실 창면의 조도상한을 규정하고 있으며, 창면조도는 가능한 한 낮게 하는 것이 바람직하다. 침입광에 의한 빛공해 방지대책으로

그림 1.7 옥외조명의 침입광이 주거창면에 비치는 경우

조명기구 설치 위치 및 높이를 검토하는 것과 조명기구에 차광판이나 루버를 설치하여 배광제어를 하는 것 등이 있다.

1.4.3 글레어에 의한 위해

자동차 운전자, 자전거 이용자 및 보행자 등의 도로이용자는 일반적으로 밝기가 높은 광원에 의해 발생되는 글레어로 인하여 시기능 저하를 일으킨다. 조명으로 인하여 글레어를 발생시키면 대상물을 보기 어렵거나 보이지 않게 될 가능성이 있다. 또 교통신호의 배경에 신호와 색이 유사한 고휘도의 빛이 점등되고 있는 경우 신호기와 오인하는 경우가 있으며, 특히 고령자와 백내장 환자에게 치명적이다.

거주자, 보행자 또는 자동차 운전자가 불쾌한 글레어를 느끼는 정도는 연령에 따라서도 변화한다. 일반적으로 젊은층에 비해 고령화될수록 글레어를 강하게 느낀다고 알려져 있으므로 조명을 설치할 때에는 고령자를 대상으로 글레어방지대책을 수립하는 것이 필요하다.

그림 1.8 광원의 글레어로 인한 도로에서의 시각장애 현상

1.4.4 인체의학적 위해

고휘도의 광원, 과다광속, 물체와 배경 사이의 고휘도 대비 등으로 인한 눈부심 현상과 빛의 확산은 인체의학적으로 악영향을 초래한다. 주거공간의 과다한 침입광 노출은 암발생 비율을 높이고 순발력, 창의력, 집중력을 떨어뜨리며 스트레스, 편두통, 광장공포증 등 정신병을 악화시켜 수면을 유도하는 멜라토닌 분비를 교란해 생체리듬에 악영향을 초래한다.

일주기리듬의 장애, 특히 멜라토닌 분비의 이상이 여러 가지 만성질환 및 암, 소화기계 질환, 심혈관계 질환, 부인과 질환 등은 물론 우울증, 인지기능 장애를 일으킨다는 연구도 다수 있다. 최근에는 수면시간이 짧을수록 비만이 될 경향이 높다는 연구결과도 있다.

1.4.5 동식물 생태계 위해

야간조명이 야생동식물을 포함한 생태계 전반에 미치는 영향에 대해서는 긍정적인 영향과 부정적인 영향 등 양면성이 있고 아직 과학적으로 완전하게 규명된 바는 없으나 지금까지의 연구결과에 의해 밝혀진 인공광이 동식물에 미치는 영향과 대책은 표 1.9와 같이 요약될 수 있다.

부적절한 옥외조명이 생식기능저하 및 동물의 이상행동을 일으키는 경우가 보고되고 있어 가축 등의 동물이 존재하는 경우에는 철저히 배려할 필요가 있다. 곤충류에는 나방류와 같이 빛으로 유인되는 주행성(走行性) 종과 반딧불처럼 빛을 싫어하는 배광성(背光性) 종이 있는데, 이들 모두 야간조명의 영향을 받는다. 조명시설의 설치장소 주위에 논, 산림, 하천, 호수 등이 있는 경우 계절에 따라 곤충이 날아올 가능성이 있으며 특정 종(種)의 소실이 문제되는 경우가 있다. 이 경우 광원에는 곤충의 유인특성이 작은 파장을 사용하고, 조명기구는 곤충방향으로 빛을 비추지 않도록 하는 등의 대책이 필요하다.

표 1.9 인공조명이 동식물 생태계에 미치는 영향

빛 감수성과 생물활동과의 관계	빛에 대한 반응	영향을 받는 분류군	문제발생 사례	대책
(반응 빠름) 1. 동물의 이동에 영향을 준다.	광원으로 향하게 반응한다.	곤충류 어류	• 해충의 유인 • 희소종의 유살	• 생식지 방향으로 빛 억제 • 유인 특성이 작은 파장 사용
	이동방향을 결정하는 데 작용한다.	곤충류 조류 양생류 파충류	• 바다거북이의 산란 장해 • 반딧불이 소실	• 누출광 억제 • 유인 특성이 작은 파장 사용
(반응 느림) 2. 동식물의 생식 · 육성에 영향을 준다.	생식활동이 조도의 영향을 받는다.	곤충류 조류 가축 · 가금	• 야행성 조류 소실 • 가축 · 가금의 생리불순 • 식물연쇄 혼란	• 점등 계절 · 시간의 충분한 배려
	생육이 조도의 영향을 받는다.	야생식물 녹화수 농작물	• 벼, 시금치 육성 장해 • 귀중종(희귀종) 소실 • 가로수의 변형 • 홍엽 · 낙엽지연	• 점등 계절 · 시간의 충분한 배려

(출처 : 環境省, 光害対策ガイドライン, p.6, 일본)

야행성 포유류의 생식환경이 야간조명에 의해 영향을 받는 경우가 있다. 포유류, 양서류, 파충류는 야간에 빛으로 모이는 곤충류 등을 잡아먹기 위해 출몰하는 경우도 많아 이들의 생식환경에 대한 배려가 필요하다.

교외의 자연환경이 서서히 도시화되면서 조류의 생식분포에도 변화가 있다. 특히 삼림에서 생식하는 올빼미류, 맹금류 등의 생식에 야간조명이 미치는 영향이 우려된다. 어류에는 빛으로 모여드는 것과 기피하는 것 등 조도 및 빛의 종류에 따라 다양한 종이 있다. 빛방사량의 변동은 어류의 번식이나 각종 생리작용에 영향을 미치는데, 양식 어종과 달리 자유롭게 이동할 수 있는 야생어류에 대해서는 그 영향이 거의 알려져 있지 않으므로 앞으로 더 많은 연구가 필요하다.

과도한 야간조명은 식물생태계에도 지대한 부정적 영향을 미치며 그 유해 정도는 조명시간, 조도, 광원(광파장), 조명시기, 온도, 작물의 품종에 따라 차이가 있다. 낮시간이 밤시간보다 짧아야 꽃이 피는 식물(벼와 콩의 만생종품종, 들깨, 참깨 등)은 야간에 과도한 조명에 노출되면 출수와 개화가 늦어지고 결실의 불량으로 인해 추수량이 감소된다. 반면에 낮시간이 밤시간보다 길어야 꽃이 피는 식물은(보리, 밀, 유채, 시금치 등) 출수개화가 오히려 빨라져 영양 생장기간이 단축되어 수량이 감소된다.

1.5 빛공해 방지와 기대효과

우리나라는 1982년 초까지 야간통행금지가 시행됐으며, 에너지절약을 위해 옥외조명을 장려하지 않았으나 1988년 서울올림픽 개최를 앞두면서부터 서울의 역사적 건축물에 경관조명을 설치하고 민간 건축물에도 경관조명을 권장하면서부터 옥외조명이 활성화됐다. 이후 경제성장과 더불어 전국적으로 경관조명을 비롯한 옥외조명을 급격히 설치하는 등 짧은 기간동안 많은 옥외조명이 설치되는 과정에서 에너지낭비와 생태계 파괴 등 여러 문제점에 직면하게 된다.

특히, 도로등 안전을 위한 공간에는 조도와 휘도에 대한 기준을 적용하여 조명기구를 설치했으나 건물의 장식조명이나 광고조명에는 특별한 기준 없이 건축주와 광고주의 의사에 따라 조명을 설치했다. 그 결과 서울은 무절제하고 과잉된 조명으로 인해 세계 주요 도시 중에서 대표적으로 빛을 밝게 또 많이 사용하는 것으로 나타났다.

실제로 과도한 인공조명은 에너지(환경)와 건강, 모두에 부정적인 영향을 미친다. 환경측면에서 지나친 야간조명은 결국 전기(에너지)의 낭비이고, 이는 이산화탄소 발생 증가를 비롯한 환경오염으로 이어진다.

(사)자원순환사회연대가 실시한 '빛공해 시민의식 조사'를 참고하면 서울시를 비롯한 6개 광역시에 거주하는 일반시민 3,000명을 대상으로 진행한 조사에서 시민의 65%가 빛공해를 규제해 달라는 의견을 표명하며 과도한 인공조명 사용관리를 위한 제도적 뒷받침이 필요하다는 조사결과가 도출됐다. 과도한 조명 때문에 가장 크게 느끼는 시민들의 불편함으로는 '지나치게 눈부시고 무질서하게 설치된 것(44.6%)'으로 나타나 도시 및 경관계획부터 체계적인 경관조명 가이드라인 설정과 제도적 접근의 당위성이 부각되기도 했다.

환경부는 2018년도까지 도심에서도 별이 반짝이는 아름다운 밤하늘을 볼 수 있고, 현재 도시의 빛공해 허용기준 초과비율을 50% 이상 낮추며, 국토의 50%를 조명환경관리구역으로 지정할 수 있도록 5년간 약 100억 원의 예산을 투입할 예정인 '제1차 빛공해 방지종합계획'을 수립한 바 있다.

여러 자료를 종합하면 빛공해 방지법에 의해 옥외조명을 사용지역에 따라 등급별로 적정한 조도와 휘도를 관리하면 가로등 조명의 약 45%, 장식 및 광고조명의 약 35% 정도의 전력소비량을 줄일 수 있는 것으로 나타났다.

일반적으로 빛공해를 감소시킬 수 있는 대표적인 방지책은 다음과 같이 제시될 수 있다.

① 기준 조도레벨보다 높게 조명하면 에너지가 낭비되고 글레어로 인하여 시작업능력을 저하시키므로 과잉조명을 피한다. 아울러 고효율의 등기구를 사용할 경우, 적은 소비전력으로 공간에 적합한 조명기준을 충족시킬 수 있다.

② 현재 빛공해 방지법은 건강한 수면보호와 에너지절약적 측면이 강하게 반영돼 있다. 그러나 어두운 밤하늘의 반짝이는 별을 볼 수 있는 다크스카이의 가치를 보호하기 위해서는 조명기구의 상향광에 대한 기준이 필요하고, 눈부심을 방지하기 위해서는 광원의 광도에 대한 허용기준값도 제정되어야 한다. 하향배광을 유도하기 위해 전등갓을 사용하거나 컷오프형 등기구를 사용한다. 공원등과 보안등의 경우 광학설계 및 기구설계를 통하여 상향으로

향하는 빛을 노면에 입사시켜 노면의 밝기를 높이고, 천공으로 산란하는 빛 에너지는 줄일 수 있다.

③ 외부노출형 광고조명의 경우 높은 휘도를 갖는 광원이 노출되어 있어 보행자에게 글레어를 유발시켜 빛공해를 유발하며 자체발광 형식의 네온류 및 전광류는 직접적으로 시야에 광원이 노출되어 눈부심 및 불쾌감을 유발할 수 있다. 필요한 부분에서만 빛을 발하는 광고조명의 경우, 면 전체에 광원을 사용하는 방식이 아니라 에너지 사용량을 줄일 뿐만 아니라 대중들에게 올바른 정보를 인식시킬 수 있으며, 간접조명방식의 경우 눈부심 없이 광고의 효과를 증대시킬 수 있다.

아직은 일반 국민을 비롯하여 각 지방자치단체 담당자들도 빛공해 방지법의 존재 유무와 구체적인 내용을 알지 못한 실정이다. 우선 빛공해 방지법을 집행하는 관련 공무원들의 체계적인 교육이 필요하고, 또한 빛환경을 체계적으로 평가하고 수준 높은 빛환경을 연출할 수 있는 조명전문가 양성이 필요하다. 특히 국민들이 공감할 수 있는 홍보와 실천계획이 필요하다.

2장 빛공해의 유해성

2.1 빛공해의 인체유해성

2.1.1 인체활동의 유해성

가로등, 보안등 같은 고휘도의 광원, 과다광속, 물체와 배경 사이의 고휘도 대비 등으로 인한 눈부심현상과 빛의 확산으로 인간의 활동에 악영향을 초래한다. 주거공간의 과다한 침입광 노출은 암발생 비율을 높이고 순발력, 창의력, 집중력을 떨어뜨리며 스트레스, 편두통, 광장공포증 등 정신병을 악화시켜 잠을 유도하는 멜라토닌 분비를 교란해 생체리듬에 악영향을 초래한다.

밤늦은 시간 혹은 새벽 등 자연적으로 빛이 없는 시간대에 빛에 노출될 경우 멜라토닌 생산이 감소하고 일주기리듬의 장애가 생기며 이러한 문제가 빛에 노출되는 시간, 빛의 파장 및 세기에 따라 다르다고 나타났다. 일주기리듬의 장애는 인체 내부의 시계와 외부 환경적인 시계가 동조화되지 못하여 생기는데, 이는 정상적이지 않는 생활리듬을 갖는 경우(예를 들면 지나치게 늦게 자거나 일찍 일어나는 사람)에서 비동조화를 보이는 것으로 나타났다.

건강한 성인을 두 군으로 나누어 저녁 2시간 동안 40 lx 및 6,500 K의 콤팩트 형광전구와 40 lx 및 3,000 K의 백열등에서 생활하게 하였을 때, 6,500 K의 불빛에서 생활한 경우에서 멜라토닌 분비 억제 효과가 더 강한 것으로 나타났으며 이는 같은 조도(40 lx)라도 푸른색을 내는 빛에 일주기리듬이 더 영향을 받는다는 것을 시사해준다.

빛공해로 인해 발생한 24시간 주기리듬의 혼란은 2차적으로 인간의 수면에 영향을 미치게 된다. 예를 들어 밤 동안 멜라토닌(melatonin) 억제에 관여하는 단파장 빛(예, blue)을 쬐면 24시간 주기리듬 단계가 지연된다. 한편 낮과 밤 상관 없이 빛에 노출되면 각성효과(alerting effect)를 얻을 수 있는데, 특히 단파장 빛(예, blue)의 효과가 뛰어나다. 이 빛은 24시간 주기리듬 혹은 관련 뇌구조물을 통해 각성도(alertness) 및 인지 조절에 영향을 미치게 된다.

2.1.2 인체의학적 위해성

과도한 빛이 인체건강 및 자연생태계에 미치는 영향과 문제점에 대해 선진국에서는 이미 많은 연구가 진행되어 널리 알려져 있는 상황이다. 특히 어두운 밤의 빛은 멜라토닌 수준을 낮추는 식으로 24시간 주기리듬(circadian rhythms)을 교란시키는데, 이로 인해 유방암, 전립선암, 자궁내막암, 난소암, 직장암, 피부암, 림프종, 심혈관 질환, 생식, 자궁내막증, 위장 및 소화 문제, 당뇨병, 비만, 우울증, 불면증, 인지 장애가 유발된다는 연구결과가 있다. 특히 야간에 과다한 빛에 노출된 여성들의 유방암 발생비율이 그렇지 않은 지역 여성들보다 30% 정도 높은 것으로 알려져 있다.

단파장의 파란색 불빛 같은 밝은 불빛은 수면을 유도하는 멜라토닌 분비를 저하시켜 불면증을 일으키고 생체리듬을 흩트린다. 반복적인 생체리듬의 교란은 정서적 불안을 야기하며, 심한 경우 우울증, 고지혈증, 두통 등의 병적 질환을 일으킬 수 있고 신진대사와 내분비계의 변화로 고혈압, 신경장애, 당뇨병 등을 유발할 수 있다.

최근 한 연구에서는 건강한 성인에서 취침 전 8시간 동안 200 lx 가량의 빛(일반 가정의 조도 수준)에 노출된 경우 취침 전 3 lx의 어두운 곳에 비하여 멜라토닌 농도도 감소하고 멜라토닌 생산시간도 90가량 단축시킨다는 결과를 보였다.

일주기리듬의 장애, 특히 멜라토닌 분비의 이상이 여러 가지 만성질환 및 암, 소화기계 질환, 심혈관계 질환, 부인과질환 등은 물론 우울증, 인지기능장애를 일으킨다는 연구도 다수 있다. 또한, 눈을 감고 수면을 취하더라고 각막으로 침투한 빛이 멜라토닌 분비를 억제할 수 있다는 연구결과도 보고되었다.

세계보건기구(WHO) 산하의 국제암연구기구(IARC : International Agency for Research on Cancer)에서는 최근 빛공해를 '발암물질'로 인정하여 '야간교대'를 2급 발암요인(IARC 2A probable carcinogen)으로 정식 채택하였다. 특히 유방암은 사회인구학적인 요소 등 여러 가지 요소를 고려한 장기간에 걸친 역학연구에서도 정상적인 시간에 빛에 노출되지 않은 사람에서 발병률이 높게 나타났기 때문에 그 인과관계는 매우 명백하다고 할 수 있다.

황반변성은 서구에서 실명의 가장 중요한 원인이다. 황반변성과 자외선과의 관계는 명확하지는 않지만 최근의 역학연구에서 빛의 노출 정도와 황반변성이 관련이 있는 것으로 나타났다. 또한 망막에 이르는 부적절한 빛을 차단하기 위한 많은 연구들이 있다.

2.2 빛공해의 동물유해성

농작물이나 나무 등에 발생하는 곤충들은 대부분 주광성이므로 불빛을 향하여 이동하거나 날아오기 때문에 불빛이 없는 곳에 비하여 피해를 받을 수 있다. 특히, 매미는 야간조명이 이루어질 경우 밤을 낮으로 오인하여 주택가에 날아와 밤새 울거나 활동하면서 사람들에게 소음피해는 물론 생태계 교란에도 영향을 주고 있다. 야간조명으로 인하여 일조시간이 연장되면서 동물도 식물과 마찬가지로 동물의 종류, 광의 파장, 야간조명의 시간, 밝기 등에 따라 다양한 반응이 일어난다.

가시광선이 가축에 작용하는 경로는 눈의 망막을 수용기로 하여 시신경을 경유하는 경로와 망막을 경유하지 않는 경로가 있다고 한다. 빛의 파장별 생체에 대한 작용은 표 2.1과 같이 적외선은 전자 스펙트럼을 함유한 열의 작용이 있으며,

표 2.1 광선의 파장별 동물에 대한 작용

구 분	파 장(nm)	생체에 대한 주요작용	가축의 반응부위
적외선	2,500 이하	• 전자 스팩트럼을 함유한 열 작용	피부, 체내 심부
가시광선	620(빨강) 580(황색)~510(녹색) 460(청색)	• 성선 자극 작용 • 명암주기에 의한 생체내 리듬의 규제 등 • 시각에 대한 작용	눈, 시상하부 눈, 시상하부 눈
자외선	290~300 290 이하	• 화학적 작용(비타민 D 합성) • 화학적 작용(담즙색소 분해) • 화학적 작용(피부 홍반외)	피부 피부 피부

빨강색은 성선을 자극하는 작용이 있고, 청색은 시각에 대한 작용이 있다.

말, 양, 염소와 같이 계절 번식을 하는 가축은 야간에 인공조명으로 인하여 일장이 길어지면 성선활동에 영향을 미쳐 비발정기에도 임신을 할 수 있으며, 돼지, 닭 등의 가축과 곤충은 야간조명으로 인해 생리불순을 겪거나 바이오리듬을 잃어버려 이상행동을 하는 것으로 알려져 있다.

산란계는 산란양을 증가시키기 위하여 야간에 점등사육을 한다. 일반적으로 명기(낮시간)를 15시간, 암기(밤시간)를 9시간으로 해주면 생식선의 활동이 촉진되어 산란양이 증가되는 것으로 알려져 있다. 이때 광도는 강한 조도가 효과가 크지만 카니발리즘(가금이 다른 가금을 쪼거나 돼지가 다른 돼지의 꼬리를 무는 등 동물이 다른 동물을 쪼거나 물어뜯는 습관)의 발생을 조장하는 경향이 있어 일반 산란계사에서는 10~16 lx의 조도가 사용된다. 닭에서 카니발리즘은 광의 파장에 영향을 받는다. 백색광은 닭을 자극하여 투쟁심을 일으키고 적색광은 반대작용이 있다. 오리는 파장이 긴 적색광은 파장이 짧은 녹색, 청색광보다 눈, 안와조직의 투과율이 높고 성선자극 효과가 크다. 가축은 대부분 회색과 백색만을 구별하는데 청색에 대해서는 감수성이 높은 것으로 알려져 있다.

2.3 빛공해의 식물유해성

천문학적으로 낮이라는 것은 일출(태양의 윗 가장자리가 지평선에 접하는 순간)에서 일몰(태양이 전부 지평선에 잠겨 윗 가장자리가 지평선에 접하는 순간)까지의 시간을 말한다.

낮시간의 길이를 일장(日長)이라 하며, 하루 24시간 중 밤낮의 길이는 광주기성(photoperiodism)과 관련 있는 식물의 화아형성을 비롯한 생장발육에 크게 영향을 미쳐 일장이 너무 길면 어떤 식물은 너무 어린시기에 화아형성이 이루어지며(장일성식물), 어떤 식물은 화아형성이 지연되거나 아예 안 되는 경우도 있다(단일성식물).

따라서 빛공해란 인공조명의 부적절한 사용으로 인한 과도한 빛 또는 비추고자 하는 조명영역 밖으로 누출되는 빛이 낮과 같은 시간을 연장해주는 효과가 있어 국민의 건강하고 쾌적한 생활을 방해하거나 환경에 피해를 주는 상태를 말한다.

2.3.1 일장의 효과

지구상에서 살고 있는 모든 생물은 그 생활 에너지원을 태양에 의존하여 광합성작용으로 물질을 생산하고 있으며, 태양에너지는 겨우 47% 정도만이 지표면에 도달되어 그 중 일부분인 1~2%를 식물이 이용하고 있을 뿐이다.

광에너지의 이용률(식물이 광합성에 의하여 태양광의 물리적 에너지를 화학적 에너지로 바꾸는 능률)은 높은 식물이라야 4~5%이며, 옥수수는 1.36%, 벼는 1.26%, 콩은 0.81% 정도 밖에 안 된다. 광선은 파장에 따라 감마선, X선, 자외선, 가시광선, 적외선 등 여러 종류가 있으며, 식물에 대한 작용도 표 2.2와 같이 각각 다르다. 식물이 이용하고 있는 광선은 주로 가시광선이며, 태양광선은 전 에너지의 거의 50%가 가시광선이다. 가시광선에는 여러 종류의 색이 있으나 노랑색과 초록색은 식물의 광합성에 약간 이용되며, 주로 이용되는 색은 청색과 빨강

표 2.2 광선의 파장별 식물생육에 대한 작용

구 분	파 장(nm)	식물에 대한 작용
적외선	1,000 이상 1,000~700	• 특별한 작용이 없고 식물체에 흡수되면 열로 변함 • 식물을 신장시키는 작용과 기공의 개폐를 촉진시킴
가시광선	700~610(빨강) 610~510 510~400(청색)	• 광합성에 가장 유효하고, 광주성에도 유효함 • 광합성에 그다지 유효하지 않음 • 광합성에 비교적 유효하며, 광주성에도 유효함
자외선	400~315 315~280 280 이하	• 키를 짧게 하고 잎을 두껍게 하며 안토시안 색소를 생성함 • 식물에 유해함 • 식물을 고사시킴

색의 광선이다.

식물은 광합성작용을 통하여 생육과 생장을 하게 되는데, 무기물(H_2O, CO_2)을 유기물($C_6H_{12}O_6$)인 포도당으로 합성하는 작용, 즉 광합성작용은 주로 태양의 빛에너지를 이용하여 이루어진다.

식물의 꽃눈형성과 개화에 가장 큰 영향을 주는 것은 계절적으로 변화하는 일조시간의 변동이며, 식물은 일조시간의 장단에 따라 개화하는 것과 아무런 영향도 받지 않는 것으로 구별되는데, 이와 같이 일장이 식물의 개화 · 화아분화 및 그 밖의 발육부면에 영향을 미치는 현상을 일장효과 또는 광주율, 광주기성, 광주반응 등으로 표현하기도 한다.

1일 24시간의 주기에서 명기(낮)가 암기(밤)보다 길 때를 장일이라 하고, 반대로 명기가 암기보다 짧을 때를 단일이라 한다. 장단일의 경계는 명기 길이가 12~14시간 이상인 것을 장일, 12~14시간보다 짧은 것을 단일로 구분한다.

식물의 화성을 유도할 수 있는 일장을 유도일장이라 하고, 개화를 유도하지 못하는 일장을 비유도일장이라고 하며, 유도일장과 비유도일장의 경계가 되는 일장을 한계일장이라 한다. 또한 식물에 따라 유도일장 내에서도 화성을 가장 빨리 유도하는 일장이 있는데, 이때의 일장을 최적일장이라 한다.

한계일장을 기준으로 재배식물의 광주기성 유형은 기본적으로 세 가지로 구분한다. 한계일장보다 긴 일장 조건에서 개화가 촉진되는 장일식물(long-day plant), 한계일장보다 짧은 일장조건에서 개화하는 단일식물(short-day plant), 한계일장과 관련 없이 광범위한 일장조건에서 개화하는 중성식물(day-neutral plant)로 분류할 수 있다.

표 2.3 일장반응에 따른 식물의 분류

구 분	장일식물	단일식물
필수적으로 요구 (절대적)	가을보리, 귀리, 시금치, 사탕무, 클로버, 카네이션	딸기, 국화, 담배, 포인세티아
촉진적으로 작용 (상대적)	봄밀, 완두, 상추, 순무, 피마자	늦벼, 목화, 코스모스

1) 일장형의 분류

작물은 종류 및 품종에 따라 개화에 적당한 일장이 다르다. 즉 유도일장의 유무 및 장단에 따라 분류한 것을 일장형이라 한다.

① **장일식물** : 장일상태에서 개화가 유도·촉진되는 식물을 장일식물이라고 하며, 단일조건에서는 개화를 저해한다. 유도일장의 주체가 장일에 있으며 한계일장은 단일 쪽에 있다. 추파맥류·완두·시금치·양딸기·해바라기 등이 이에 속한다.

② **단일식물** : 단일조건에서 화성이 유도·촉진되는 식물을 단일식물이라고 하며 장일상태에서는 저해된다. 유도일장의 주체가 단일측에 있고 한계일장은 보통 장일측에 있다. 단일식물에는 늦벼·조·기장·피·옥수수·콩·아마·담배·호박·오이 등이 있다.

③ **중성식물** : 개화에 일정한 한계일장이 없고 매우 넓은 범위의 일장에서 개화하는 식물을 중성식물이라 하며 화성유도 · 촉진에 일장이 영향을 미치지 않는다고도 할 수 있다. 가지 · 토마토 · 고추 · 오이 · 감자 · 강낭콩 · 당근 · 샐러리 등이 중성식물에 속한다.

④ **정일식물** : 중간식물이라고도 하는 데 좁은 범위의 일장에서만 화성이 유도 · 촉진되며, 2개의 한계일장이 있다. 사탕수수의 F106이란 품종은 12시간에서 12시간 45분의 좁은 일장범위에서만 개화한다.

⑤ **장단일식물** : 장단일식물은 처음은 장일이고, 뒤에 단일이 되면 화성이 유도되지만 계속 일정한 일장에만 두면 화성이 유도되지 않는다.

⑥ **단장일식물** : 단장일식물은 처음은 단일이고, 뒤에 장일이 되면 화성이 유도되지만 일정한 일장에 두면 개화되지 못한다.

표 2.4 화아분화 및 개화에 따른 식물의 9가지 일장형

일장형	최적일장		대상 식물
	화아분화	개 화	
LL형 식물	장일성	장일성	시금치, 봄보리 등
LI형 식물	장일성	중일성	사탕무 등
LS형 식물	장일성	단일성	physostegia 등
IL형 식물	중일성	장일성	봄밀 등
II형 식물	중일성	중일성	고추, 토마토, 올벼 등
IS형 식물	중일성	단일성	소빈국 등
SL형 식물	단일성	장일성	딸기, 프리뮬러 등
SI형 식물	단일성	중일성	늦벼 등
SS형 식물	단일성	단일성	늦콩, 코스모스, 나팔꽃 등

2) 일장반응의 주요인

① **발육단계** : 발아 당초의 어린식물은 일장에 감응하지 않으며, 어느 정도 발육단계가 진전되어야 감응한다. 그러나 발육단계가 더욱 진전하게 되면 점차 감수성이 없어진다.

② **처리일수** : 나팔꽃과 도꼬마리는 민감한 단일식물인데, 나팔꽃은 16시간의 암기동안 1회의 단일처리에 의해 화아가 형성되며, 1㎠의 엽면처리에 의해서도 화아가 형성되고, 특히 도꼬마리도 1회의 단일처리 및 0.2㎠의 엽면처리에 의해서도 화아가 형성된다. 그러나 도꼬마리에서 1회의 단일처리로는 화아형성에 64일이 소요되었으나, 연속 단일처리에서는 13일이 소요되었다. 코스모스는 5~11일 단일처리 후 장일조건에 옮기면 일부만 개화하지만 12일 이상 단일처리하면 장일조건에 옮겨도 모든 꽃이 개화한다.

③ **온도의 영향** : 일장효과의 발현에는 어느 정도 한계온도가 필요하다. 단일식물인 가을국화는 10~15℃ 이하에서는 일장에 관계 없이 개화하고, 콩은 단일처리시 암기온도가 13℃일 때는 화아분화가 억제되며, 18~24℃일 때는 화아분화수가 가장 많아진다. 이처럼 일장효과는 온도, 특히 암기온도의 영향을 받는다.

④ **광의 강도** : 명기에는 약광이라도 일장효과가 나타나지만 대체로 광도가 증가할수록 효과가 큰 경우가 많다.

⑤ **광질** : 일장효과에 유효한 광의 파장은 장일식물이나 단일식물 둘다 같다. 최대의 효과를 가진 광은 600~680nm의 적색광이고, 다음이 자색광인 400nm 파장 부근이며, 480nm 부근의 청색광이 가장 효과가 적다.

⑥ **연속암기와 야간조파** : 장일식물은 24시간 주기가 아니더라도 명기의 길이가 암기보다 상대적으로 길면 개화가 촉진된다. 춘파밀의 경우 명기와 암기의 시간을 각각 16 : 8, 8 : 4, 4 : 2, 2 : 1로 하였을 때 모두 동일한 일장효과를 보인다. 그러나 단일식물에 있어서는 개화유도에 일정한 기간 이상의 연속

암기가 절대로 필요하다. 도꼬마리(단일식물)의 경우 개화유도에 10시간 이상의 연속암기가 절대로 필요하며, 암기가 10시간 이상만 되면 상대적으로 장일상태가 되어도 화아가 유도된다. 그러나 연속암기가 10시간 이하이면 상대적으로 단일상태가 되어도 개화하지 못한다. 이와 같이 단일식물에서는 화성에 일정 이상의 암기가 반드시 필요하지만 명기의 길이는 그다지 중요하지 않은 점으로 보아 단일식물은 오히려 장야식물 또는 장암기식물이라고 하는 것이 타당하며, 장일식물은 단야식물 또는 단암기식물이라고 해야 할 것이다. 단일식물의 연속암기 중간에 광을 조사하여 암기의 요구도 이하로 광을 분단하면 암기의 합계가 아무리 길어도 단일효과는 발생하지 않는데, 이를 야간조파라고 한다. 콩의 만생종에서는 명기 11시간, 암기 16시간이 개화유도에 가장 효과적인데, 암기의 중간에 1분 이상의 강한 광을 조사하여 연속암기를 8시간 이하로 분단하면 개화하지 못한다. 그러나 장일식물의 경우는 야간조파를 하여도 개화유도에 지장을 초래하지 않는다. 야간조파에 가장 효과적인 광은 600~680nm의 적색광이다.

⑦ **질소의 시용** : 질소가 부족한 경우 장일식물은 개화가 촉진되지만 단일식물의 경우는 질소의 요구도가 크기 때문에 질소가 풍부해야 생장속도가 빨라져서 단일효과가 더욱 잘 나타난다.

3) 일장효과의 기구

① **감응부위** : 일장처리에 감응하는 부위는 잎(나팔꽃 완전 전개한 자엽)이다. 같은 잎이라도 어린잎보다는 충분히 전개한 성숙한 잎이 더욱 잘 감응하며, 노엽이 되면 다시 감응이 둔해진다.

② **자극의 전달** : 일장처리에 의한 자극은 잎에서 생성되어 줄기의 체관부 또는 피층을 통해 화아가 형성되는 정단분열조직으로 이동한다. 자극은 모든 방향으로 전달된다.

③ **일장효과의 물질적 본체** : 일장효과에 관여하는 물질의 본체는 호르몬성인 물질로서 잎에서 형성되어 줄기의 생장점으로 이동하여 화아형성을 유도하는 것이라고 생각되고 있으며, 플로리겐 또는 개화호르몬이라고 불린다. 그러나 플로리겐은 아직까지 식물체로부터 추출·정제에 성공하지 못하여 그 본체가 무엇인지 밝혀지지 않았다.

④ **화학물질과 일장효과** : 장일식물은 오옥신시용으로 화성이 촉진되는 경향이 있다. 히요스는 IAA 시용으로 화성이 촉진되지만 단일조건에서 화성이 가능한 정도는 아니다. 파인애플은 NAA·2,4-D에 의해 개화가 유도된다. 단일식물은 오옥신에 의하여 화성이 억제되는 경향이 있어 도꼬마리는 IAA·NAA·2,4-D 등을 처리하면 단일에 의한 개화반응이 억제된다.

지베렐린은 저온·장일의 대치적 효과가 탁월하여 1년생 히요스 등은 지베렐린을 공급하면 단일하에서도 개화한다. 그러나 단일식물인 도꼬마리, 나팔꽃 등에서는 개화에 촉진적이나 그 반대인 식물도 있다.

4) 야간조명의 장단점

작물이 영양생장 단계로부터 생식생장 단계로 이행하여 화성을 이룩하는 데는 C/N율로 대표되는 동화산물의 양적 관계와 오옥신, 지베렐린 등 식물호르몬의 체내 수준이 관계하며, 외부조건으로는 광조건, 특히 일장효과, 온도조건이 관계한다.

일반적으로 많은 작물에서 화아분화와 개화가 정상적으로 일어나려면 장기간의 일장처리가 필요하다. 예를 들면 단일식물인 가을국화의 개화를 촉진시키려면 30~40일간의 단일처리가 필요하다. 그러나 이러한 유도기간은 식물의 종류에 따라 차이가 심하여 도꼬마리는 단일조건을 한 번만 주고, 그후 장일조건, 심지어 계속 조명하더라도 화아가 형성될 수 있다.

야간의 광도에 따라 식물별 반응은 각각 다르게 나타나는데, 나팔꽃처럼 매우 민감한 식물은 보름달의 밝기(약 0.3~0.4 lx)에서도 개화가 지연되며, 시금치는 0.7 lx의 광조건에서도 추대가 빨리 되고, 콩은 1~2 lx에서 감응을 시작한다. 엉거시과의 과꽃은 장일식물로서 광에 민감하여 달빛의 2~3배 밝기 정도인 1 lx에서도 개화 촉진의 효과가 있다. 주로 농작물은 야간의 불빛 밝기가 10~100 lx일 때 낮시간을 연장해 주는 일장효과가 나타나며, 10~50 lx이면 장일처리에 어느 정도 효과가 있고, 100 lx이면 완전한 효과가 나타날 수 있는데, 작물 또는 품종에 따라 각각 다른 반응을 보인다. 광합성에서 많은 작물의 광포화점이 5만 lx 정도이고, 광보상점은 벼에서 5,000 lx 정도 되므로 광합성에 전혀 영향을 못미치는 약광이라도 일장처리에는 유효한 것으로 알려져 있다.

광질에 따라 적색광이 가장 강력한 영향을 주며, 청색광이나 녹색광은 적색광보다 떨어진다. 백열등은 광파장의 범위가 비교적 넓어 영향이 큰 편이다.

가. 야간조명의 장점

야간조명은 일장을 연장시켜 작물의 생산성을 증가시키거나 품질을 향상시키며 또는 병해충의 발생을 억제시킬 수 있는 장점이 있다. 예를 들면 잎의 생산을 목적으로 하는 잎들깨 재배시 야간에 조명처리를 하여 개화를 지연시켜 영양생장을 연장시킴으로써 1.8~2배 정도의 엽면적을 증가시킬 수 있다.

표 2.5 야간조명에 의한 잎들깨의 연면적

구 분	연면적(㎤/주)		대 비(%)	
	엽실들깨	옥동들깨	엽실들깨	옥동들깨
야간조명 처리	4,030	4,008	185	199
무 처 리	2,180	2,014	100	100

* 야간조명 : 30~100 lx, 백열등 점등, 1일 60분간 조명

또한 과실을 가해하는 으름나방이나 큰갈고리나방 등의 흡즙성 밤나방류는 야행성으로 전등조명을 비추면 나방이 밤을 낮으로 알고 행동이 억제되어 피해가 경감된다는 것이 알려졌는데, 효과적인 색으로는 황색이 가장 뛰어나며, 포장에서는 1 lx의 조도로 밤나방류의 피해를 10 % 이하로 억제시킬 수 있다고 한다.

노린재류에 대한 효과도 있어 일본에서는 배 과수원에 황색 형광등이 널리 보급되었다고 한다. 채소나 화훼류에서는 이 방법이 시험된 일이 없지만 카네이션의 파밤나방이나 질경이류의 담배거세미나방에 대한 방제효과가 우수한 것으로 확인되고 있으며, 각종 농작물과 해충의 조합에 대해 차례로 실용성이 확인되어 급속히 보급되고 있다. 그밖의 전등조명을 위한 해충방제 방법으로는 야간조명으로 벌레의 휴면유기를 방해하여 월동을 불가능하게 하는 방법이 있지만 시험단계에 머무르고 있다.

나. 야간조명의 단점

야간조명은 식물에 장점보다는 단점이 훨씬 많으며, 야간조명에 의한 피해 정도는 조명시간, 조도, 광원(광파장), 조명시기, 온도, 작물의 품종 등에 따라 차이가 심하다.

낮시간이 밤시간보다 짧아야 꽃이 피는 단일식물(벼와 콩의 만생종 품종, 들깨, 참깨 등)은 야간에 조명을 하면 출수와 개화가 늦어지고 등숙 불량 및 결실의 불량으로 수량 감소를 초래한다.

반면에 낮시간이 밤시간보다 길어야 꽃이 피는 장일식물은(보리, 밀, 유채, 시금치 등) 출수개화가 오히려 빨라져 영양생장기간이 단축되어 수량이 감소된다.

벼의 만생종에서는 밤새조명을 계속하여 11년간이나 출수를 억제한 기록이 있고, 양배추에서는 저온처리를 하지 않음으로써 2년 이상이나 추대를 억제한 기록도 있다.

2.3.2 야간조명에 의한 단일성 작물의 반응

최근 산업의 발달로 인하여 조명시설이 증가되고, 또한 농촌의 도시화에 따른 생활환경이 개선됨에 따라 도로 주변의 가로등과 공단의 방범등, 주유소 등의 선전광고등, 기타 야간조명등이 널리 보급되면서 농작물의 생육에 야간조명의 문제가 대두되고 있는 실정이다. 야간조명 효과는 작물에 따라 다르며, 어떤 작물은 출수개화를 빠르게 할 수 있고, 어떤 작물은 그와 반대로 출수개화가 늦거나 출수개화 자체가 안 되는 경우도 있다.

1) 야간조명에 의한 벼의 반응

가. 피해기구

벼는 일반적으로 낮보다는 밤시간이 길어야 이삭이 패고 꽃이 피는 단일식물로, 야간조명은 낮시간을 연장해 주는 효과를 가져오므로 이삭이 패는 시기를 지연시켜 등숙을 불량하게 하므로 품질이 나빠지고 수량이 감소하게 된다.

나. 피해조건

① **야간조명 조건** : 광원의 종류에 따라 불빛의 색이 각각 다른데, 푸른색이 나오는 수은등과 흰색이 나오는 백열등, 유백색이 나오는 형광등, 주황색이 나오는 나트륨등이 있으며, 이 중 나트륨등이 작물에 비교적 영향이 적은 것으로 알려져 있다.

야간조명의 피해는 앞에서 설명한 광원의 종류와 조명시간, 등의 설치 개수, 등의 높이, 불빛의 방향 및 작물이 생육하고 있는 논과의 거리에 따라 다르다.

일반적으로 산업도로와 같이 넓은 도로에 설치된 가로등의 경우 높이 12m에 400W 나트륨등을 설치했을 때 가로등 바로 밑 지상의 1m 높이에서는 30lx 정도가 되며, 가로등에서 10m가 떨어지면 6lx 정도가 된다.

벼는 야간의 불빛 밝기(조도)가 5 lx 이하에서는 피해가 거의 없으나 5~10 lx에서는 품종과 기상조건에 따라 피해가 있을 수 있으며, 10 lx 이상에서는 피해가 발생되므로 대책을 강구해야 한다.

② **벼의 상태** : 야간조명을 하면 벼의 영양생장기에는 생장이 촉진되지만 화성감응시기(최고분얼기에서 유수형성기)에는 이삭이 패는 시기가 늦어지며, 품종에 따라 차이가 심한데, 일반적으로 조생종 벼보다 일장 감응성이 큰 만생종 벼일수록 이삭 패는 정도가 늦어져서 등숙이 잘 안 된다. 이삭 패는 시기가 늦어진 후 등숙기에 온도가 낮아지거나 서리가 오게 되면 등숙 불량으로 청미가 발생하여 품질이 저하되고 수량이 감소된다.

다. 생육 및 수량 반응

벼는 적기에 이앙했을 경우 이삭 패기 전 7~40일경(6월 하순~8월 중순)이 야간불빛에 민감한 시기이며, 이삭이 팬 후에는 피해가 적은 편이다.

야간조도 20~30 lx에서는 2 lx 이하에 비하여 극조생종은 4일, 조생종은 8일, 중생종과 중만생종은 12일 정도 출수가 지연되며, 극조생종인 오대벼, 소백벼, 흑진주벼, 조생종인 대진벼, 중생종인 안산벼 등은 빛에 둔감하여 출수지연 정도가 적은 반면에 중만생종인 일품벼, 중생종인 광안벼와 화성벼는 특히 야간 빛에 민감하여 출수기가 현저하게 지연되어 등숙기의 온도와 일사량 부족으로 등숙이 나빠지고 수량이 떨어진다. 출수지연일수는 야간조명 광도 0.01 Wm^{-2}당(3.6 lx당) 극조생종인 오대벼와 조생종인 대진벼, 중생종인 안산벼는 0.8~1.4일 정도로 지연 정도가 작지만 중생종인 화성벼와 광안벼, 중만생종인 일품벼는 빛에 민감하여 3.2~5.1일로 지연 정도가 큰 편이다.

표 2.6 야간조도에 따른 생태형별 출수까지 일수

생태형	야간조도별 출수까지 일수(일)							
	2.0 lx 이하	2~4	4~6	6~10	10~20	20~30	30~50	50~70
극조생종	70	70	71	71	72	74	75	75
조생종	76	75	76	79	81	84	86	87
중생종	90	89	90	92	97	102	107	109
중만생종	97	97	97	100	104	109	114	121

야간에 불빛의 밝기가 20 lx 이상일 경우 오대벼와 같이 조생종인 벼는 이삭 패는 시기가 4~5일 정도 밖에 안 늦어지지만, 중만생종인 일품벼와 대안벼, 중생종인 광안벼와 화성벼는 특히 야간 불빛에 민감하여 이삭 패는 시기가 10일 이상 늦어져 등숙기의 온도와 일사량 부족으로 등숙이 나빠지고 수량이 떨어진다.

표 2.7 야간조명에 따른 벼품종별 출수반응 정도

생태형	출 수 지 연 일 수		
	10일 이상 지연	6~9일 지연	5일 이하 지연
극조생종	–	–	오대벼, 소백벼, 흑진주벼
조생종	–	그루벼, 진미벼	대진벼
중생종	화성벼, 광안벼	–	안산벼
중만생종	일품벼, 대안벼	추청벼	–

* 출수지연일수 : 야간조도 20~30 lx일 경우 대조구 대비 지연일수임

수량은 야간 불빛이 강할 경우 출수지연에 의한 등숙 불량 등으로 인하여 수량에 영향을 주어 야간조도 10.1~20.0 lx에서 조생종인 흑진주벼는 10 % 정도 감소되며, 중만생종인 일품벼는 야간 불빛에 더욱 민감하여 21 % 정도 수량이 감소된

다. 따라서 가급적이면 극조생종이나 조생종의 품종을 선택하여 재배하는 것이 안전하며, 중생종이라도 안산벼와 같이 빛에 둔감한 품종을 선택 재배하면 피해를 줄일 수 있다.

표 2.8 야간조명에 따른 벼품종별 수량

품 종 명	숙기	야간조도별 수량(kg/10a)				
		2.0 lx 이하	2.1~4.0	4.1~6.0	6.1~10.0	10.1~20.0
흑진주벼	조생종	381(100)	366(96)	358(94)	350(92)	343(90)
화 성 벼	중생종	526(100)	504(96)	483(92)	455(87)	433(82)
일 품 벼	중만생종	647(100)	618(96)	601(93)	544(84)	513(79)

주 1) ( )내는 수량지수
2) 조명기간 및 시간 : 파종 후부터 성숙기까지, 일몰 후부터 일출 전까지 매일 조명

그림 2.1 야간 불빛 밝기에 따른 벼의 출수 차이

야간조명 피해는 광질에 따라서도 다른데, 벼의 출수까지 소요되는 일수는 나트륨등에서 109일, 수은등에서 118일, 백열등에서는 116일이 소요되어 나트륨등이 작물에 비교적 영향이 적은 편이다.

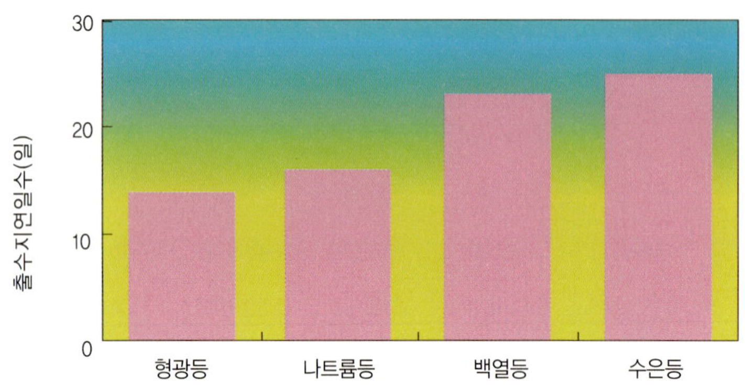

그림 2.2 광원별 벼의 출수 지연 정도(야간조도 : 20.0 lx)

2) 야간조명에 의한 콩의 반응

콩은 전형적인 단일식물로 낮의 길이가 길면 개화반응을 하지 않고 꽃이 정상적으로 발육하지 못해 개화가 지연되거나 억제되고 등숙 및 결실 불량으로 수량 감소를 초래하는 경우가 많다.

일장에 감응하는 조도는 품종에 따라 다르지만 보통 5.5 lx 이상에서 감응하며, 일장효과를 나타내는 최저조도가 만생종보다 조생종이 높기 때문에 만생종 품종이 불빛에 더욱 민감하여 개화의 지연과 수량 감소가 심하다.

야간의 불빛 밝기가 6 lx 이상인 경우 조생종인 석량풋콩은 2일 정도 개화가 지연되지만, 중만생종인 황금콩은 불빛에 더욱 민감하기 때문에 16일 정도 개화가 지연된다.

표 2.9 야간조명에 따른 콩품종별 개화기

품 종	숙 기	야간조도별 개화기(월/일)			
		2.0 lx 이하	2.1~4.0	4.1~6.0	6.1~10.0
석량풋콩	조생종	6/13	6/13	6/14	6/15
황금콩	중만생종	7/20	7/25	7/31	8/5

야간조명에 따른 수량은 조생종인 석량풋콩은 6 lx까지는 수량에 영향을 미치지 않으며, 6.1~10.0 lx일 경우 13% 정도 감소된다. 그러나 중만생종인 황금콩은 야간 불빛에 민감하여 6.1~10.0 lx 일 경우 43%나 감소된다.

표 2.10 야간조명에 따른 콩품종별 수량

품 종	숙 기	야간조도별 수량(kg/10a)			
		2.0 lx 이하	2.1~4.0	4.1~6.0	6.1~10.0
석량풋콩	조생종	1,142(100)	1,136(99)	1,093(96)	989(87)
황금콩	중만생종	183(100)	149(81)	113(62)	105(57)

주 1) ( )내는 수량지수
2) 조명기간 및 시간 : 파종 후부터 성숙기까지, 일몰 후부터 일출 전까지 매일 조명

2.0 lx 이하 2.1~4.0 4.1~6.0 6.1~10.0

그림 2.3 야간조도별 콩 생육 및 협수의 비교

그림 2.4 야간조도별 황금콩의 생육 비교(왼쪽 6 lx, 오른쪽 정상)

3) 야간조명에 의한 참깨의 반응

참깨는 생육기간 동안 계속하여 꽃이 피는 무한화서 식물로써 영양생장을 하면서 동시에 개화 등 생식생장을 하고, 일장과 온도에 영향을 받는 식물이다.

야간의 불빛 밝기가 2 lx 이상인 경우 2 lx 이하에 비하여 개화가 3~8일 지연되며, 성숙기는 12~13일 지연되고, 6 lx 이상에서는 꼬투리수와 등숙률이 저하되어 24~40 % 정도 수량이 감소되며, 서둔깨보다 안산깨가 불빛에 영향을 더 받아 수량 감소가 더욱 크다.

표 2.11 야간조명에 따른 참깨의 개화기 및 성숙기

품 종	개 화 기(월/일)				성 숙 기(월/일)			
	2.0 lx 이하	2.1~4.0	4.1~6.0	6.1~10.0	2.0 lx 이하	2.1~4.0	4.1~6.0	6.1~10.0
안산깨	7/12	7/14	7/18	7/20	8/28	8/31	9/8	9/10
서둔깨	7/12	7/14	7/15	7/15	8/29	9/2	9/8	9/10

표 2.12 야간조명에 따른 참깨 수량

품 종	분지형태	야간조도별 수량(kg/10a)			
		2.0 lx 이하	2.1~4.0	4.1~6.0	6.1~10.0
안산깨	분지형	91.5(100)	83.7(92)	73.9(81)	54.5(60)
서둔깨	무분지형	85.9(100)	74.4(87)	70.6(82)	65.3(76)

주 1) ( )내는 수량지수
2) 조명기간 및 시간 : 파종 후부터 성숙기까지, 일몰 후부터 일출 전까지 매일 조명

4) 야간조명에 의한 들깨의 반응

들깨는 전형적인 단일식물로 식량작물 중에서는 불빛의 영향이 가장 큰 작물이다.

대부분의 들깨품종은 자연일장이 12시간 43분이 되는 9월 초에 개화가 시작되며, 13시간 이상의 일장에서는 일장이 길어질수록 개화가 지연되고, 16시간 이상의 일장에서는 꽃눈분화가 억제되어 영양생장만 계속하여 종실 수확이 곤란하다.

들깨는 야간조명에 특히 민감한 작물로 야간조도 2 lx 이상에서도 개화가 지연되는 현상이 뚜렷하며, 6 lx 이상에서는 21~29일 정도나 개화가 지연되기 때문에 늦가을 서리가 올 때까지도 성숙이 되지 않는다.

수량도 다른 작물에 비하여 빛의 영향을 크게 받기 때문에 2~4 lx에서 33~43%나 감소되고, 6 lx 이상에서는 거의 수확을 하지 못할 수 있다.

표 2.13 야간조명에 따른 들깨의 개화기 및 성숙기

품 종	개 화 기(월/일)				성 숙 기(월/일)			
	2.0 lx 이하	2.1~4.0	4.1~6.0	6.1~10.0	2.0 lx 이하	2.1~4.0	4.1~6.0	6.1~10.0
옥동들깨	9/4	9/8	9/19	9/25	10/8	10/19	10/28	미성숙
아름들깨	9/5	9/9	9/21	10/3	10/9	10/21	10/30	미성숙

표 2.14 야간조명에 따른 들깨 수량

품 종	용 도	야간조도별 수량(kg/10a)			
		2.0 lx 이하	2.1~4.0	4.1~6.0	6.1~10.0
옥동들깨	종실용	82.8(100)	55.2(67)	28.9(35)	9.0(11)
아름들깨	엽실겸용	106.9(100)	61.3(57)	15.7(15)	1.6(2)

주 1) ( )내는 수량지수
2) 조명기간 및 시간 : 파종 후부터 성숙기까지, 일몰 후부터 일출 전까지 매일 조명

표 2.15 야간조명에 의한 잎들깨의 엽면적 및 건물중

조명시간 (분/일)	엽면적(㎠/주)		건물중(g/주)	
	엽실들깨	옥동들깨	엽실들깨	옥동들깨
10	4,577	4,420	25	29
30	4,428	4,365	27	28
60	4,030	4,008	26	27
자연일장(대조구)	2,180	2,014	-	-

* 야간조도 : 30~100 lx, 자정 전후에 백열등 점등

따라서 불빛에 민감한 들깨는 종실 수확의 목적이 아니라 잎을 수확할 목적으로 재배하면 큰 효과를 얻을 수 있다.

매일 자정 무렵에 30~100 lx로 10분간씩만 불빛을 비춰주어도 개화가 되지 않아 잎의 수확량을 올릴 수 있으며, 또한 짧은 시간의 조명으로 밤새 조명을 하는 효과를 얻을 수 있으므로 야간의 불빛을 잘 이용하면 전기요금 등 생산비를 줄일 수 있다.

2.3.3 야간조명에 의한 장일성 작물의 반응

1) 보리의 반응

보리는 낮시간이 밤시간보다 길면 이삭이 빨리 패는 장일성 작물이기 때문에 벼, 콩 등과 같은 단일성 작물과는 반대로 야간에 불빛이 밝으면 오히려 출수와 성숙이 빨라진다.

야간의 불빛 밝기가 10.1~20.0 lx 일 경우 2.0 lx 이하에 비하여 파성이 낮은 강보리는 출수가 8일 빨라지며, 서둔찰보리와 올보리는 5일 빨라진다.

표 2.16 야간조명에 따른 보리품종별 출수기

품 종	파 성	야간조도별 출수기(월/일)			
		2.0 lx 이하	2.1~5.0	5.1~10.0	10.1~20.0
강보리	Ⅰ	4/29	4/25	4/23	4/21
서둔찰보리	Ⅲ	4/30	4/29	4/28	4/25
올보리	Ⅳ	5/1	4/30	4/30	4/26

주) 조명기간 및 시간 : 파종 후부터 성숙기까지, 일몰 후부터 일출 전까지 매일 조명

이삭 패는 시기가 빨라지면 충분히 생육할 수 있는 기간이 짧아지기 때문에 수량이 감소하며, 야간의 불빛 밝기가 10.1~20.0 lx인 경우 2.0 lx 이하에 비하여 강보리는 38 %, 서둔찰보리 및 올보리는 22 %의 수량이 감소된다.

표 2.17 야간조명에 따른 보리품종별 수량

품 종	파 성	야간조도별 수량(kg/10a)			
		2.0 lx 이하	2.1~5.0	5.1~10.0	10.1~20.0
강보리	Ⅰ	587(100)	493(84)	429(73)	364(62)
서둔찰보리	Ⅲ	560(100)	493(88)	448(80)	437(78)
올보리	Ⅳ	592(100)	562(95)	509(86)	462(78)

주 1) ( )내는 수량지수
2) 조명기간 및 시간 : 파종 후부터 성숙기까지, 일몰 후부터 일출 전까지 매일 조명

그림 2.5 야간조명에 의한 보리의 출수 상황

2) 밀의 반응

밀도 보리와 같이 장일성 작물이기 때문에 벼, 콩 등과 같은 단일성 작물과는 반대로 야간에 불빛이 밝으면 오히려 출수와 성숙이 빨라진다.

야간의 불빛 밝기가 10.1~20.0 lx인 경우 2.0 lx 이하에 비하여 조숙종인 그루밀과 금강밀은 출수가 2~3일 정도 빨라지며, 숙기가 늦은 조광과 장광은 6~9일 출수가 빨라져 숙기가 늦은 품종일수록 야간조명에 더욱 민감하다.

표 2.18 야간조명에 따른 밀품종별 출수기

품 종	숙 기	야간조도별 출수기(월/일)			
		2.0 lx 이하	2.1~5.0	5.1~10.0	10.1~20.0
금강밀	조숙종	5/2	5/2	5/1	4/30
그루밀	조숙종	5/5	5/4	5/4	5/3
조 광	중만숙종	5/12	5/10	5/9	5/6
장 광	중만숙종	5/16	5/14	5/10	5/7

주) 조명기간 및 시간 : 파종후부터 성숙기 까지, 일몰후부터 일출전 까지 매일 조명

이삭 패는 시기가 빨라지면 충분히 생육할 수 있는 기간이 짧아지기 때문에 수량이 감소되며, 야간의 불빛 밝기가 10.1~20.0 lx인 경우 2.0 lx 이하에 비하여 금강밀은 10 %, 그루밀은 13 %, 조광은 40 %, 장광은 35 %의 수량이 감소되어 조숙종인 금강밀이나 그루밀에 비해 중만숙종인 조광이나 장광은 수량 감소가 현저하게 큰 편이다.

표 2.19 야간조명에 따른 밀품종별 수량

품 종	숙 기	야간조도별 수량(kg/10a)			
		2.0 lx 이하	2.1~5.0	5.1~10.0	10.1~20.0
금강밀	조숙종	468(100)	449(96)	445(95)	421(90)
그루밀	조숙종	453(100)	417(92)	412(91)	394(87)
조 광	중만숙종	701(100)	581(83)	524(75)	422(60)
장 광	중만숙종	612(100)	561(92)	480(78)	398(65)

주 1) ( )내는 수량지수
2) 조명기간 및 시간 : 파종 후부터 성숙기까지, 일몰 후부터 일출 전까지 매일 조명

3장 빛공해 조명원의 특성

3.1 빛과 조명량의 측정

3.1.1 빛

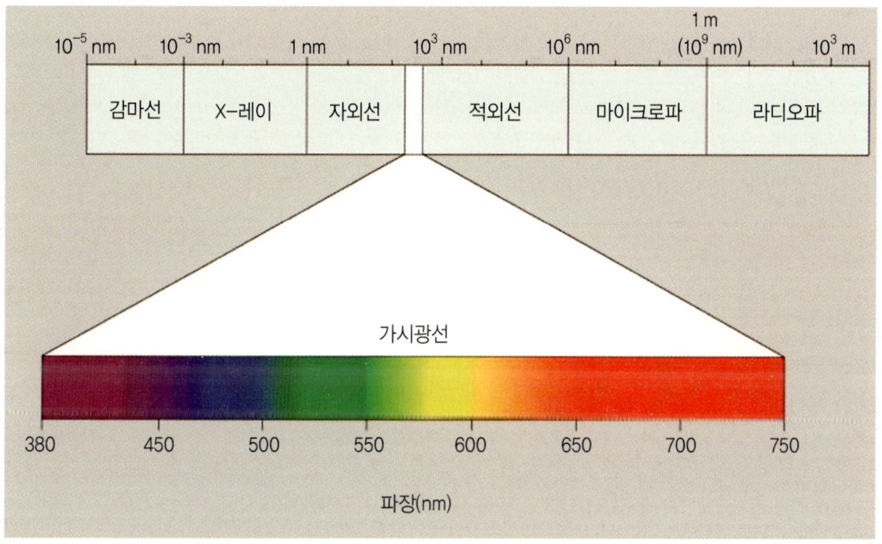

그림 3.1 전자기파 스펙트럼

빛은 가시적인 방사에너지로서 전자기파의 일종이다. 방사에너지라는 특성에 의해 빛이 전파되는 데는 중간 개입 물질(매질)이 필요 없다.

전자파는 주파수나 파장에 관계 없이 속도가 일정하며, 진공 중에서 초속 30만 km가 되는 것으로 알려져 있다. 따라서 파장과 주파수는 반비례관계를 가지게 되며, 즉 파장이 길면 주파수가 낮고, 파장이 짧으면 주파수가 높다. 전자파가 가지는 에너지는 주파수에 비례한다. 이와 같은 사실을 식으로 표현하면 다음과 같다.

전자파의 속도 = 파장 × 주파수

$c = \lambda \times \nu = 2.998 \times 10^8$ [m/s]

전자파의 에너지 $e = h \times \nu$ [J]

여기서 6.626×10^{-34} [J · s]

그러나 [J] 단위로 가시파장의 에너지를 표시하면 매우 작은 값이 나오게 되므로 이 크기에 적당한 다른 에너지 단위, 즉 [eV]를 주로 사용한다. [eV] 단위와 [J] 단위 사이에는 다음과 같은 관계가 성립한다.

$1[\mathrm{eV}] = 1.6022 \times 10^{-19}[\mathrm{J}]$

전자파를 파장에 따라 나누어보면 파장이 짧은 쪽에서 길어지는 쪽으로 우주선 - 감마선 - X선 - 자외선 - (가시)광선 - 적외선 - 라디오 전파의 순으로 된다.

가시광선은 이와 같이 전자파 중에서 어느 특정 파장이 눈에 밝음의 느낌을 주는 것이다. 눈에 보이는 가시파장은 개인에 따라 정도의 차이는 있으나 대략 380 ~ 760 nm 가 된다. 위에 주어진 식을 사용하여 가시파장의 에너지를 계산하면 $5.23 \times 10^{-19} \sim 2.61 \times 10^{-19}$ J, 즉 3.26 ~ 1.63 eV 가 된다.

이것을 눈에 느껴지는 색상으로 표현하면 보라, 파랑, 초록, 노랑, 주황, 빨강의 무지개 색상이 된다. 만약, 전자파의 파장이 380 nm보다 짧으면 눈에 보이지 않고 살균효과나 화학작용을 일으키는 자외선이 되고, 전자파의 파장이 760 nm 보다 길면 다시 눈에 보이지 않으면서 온열감을 주는 적외선이 된다. 이와 같이 전자파는 파장에 따라 눈에 밝음의 느낌을 주거나 주지 않을 수 있으며, 이는 파장에 따라 보이거나 보이지 않을 수 있음을 의미한다.

눈에 보이는 파장이라도 파장에 따라 눈에 밝음의 느낌을 주는 자극의 정도는 각기 다르며, 555 nm의 파장이 눈에 가장 밝은 느낌을 준다. 이를 정량적으로 표현하면 555 nm의 전자파 1 W를 눈에 쪼이면 인간의 눈은 이를 683 lm의 밝기로 인식한다. 다시 표현하면 555 nm의 가시광선은 683 lm/W의 효율을 가지며 이것이 이론상의 최대효율이다.

555 nm보다 파장이 길거나 짧으면 밝기의 감각이 상대적으로 약해지며, 이를 555 nm 파장과 비교하여 상대적으로 표현한 것을 비시감도곡선이라 하며, 그림 3.2에 나타내었다.

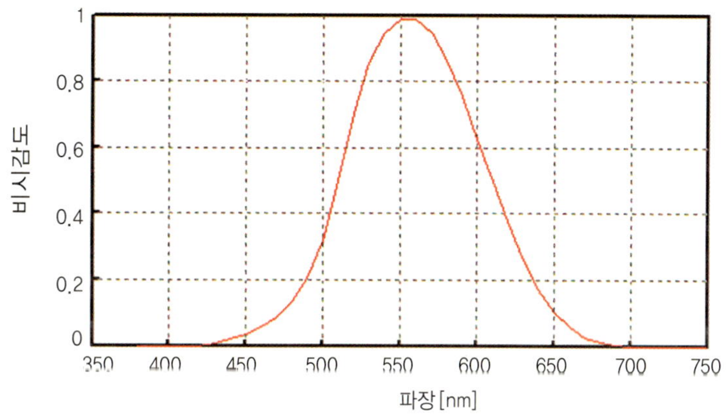

그림 3.2 비시감도곡선

3.1.2 빛의 질

옥내와 마찬가지로 옥외 조명기구도 색온도, 연색성, 광량 등의 중요성이 인식되면서 과거 많이 사용하던 저압나트륨램프가 고압방전램프로 바뀌고, 최근에는 저전력의 높은 광출력의 장점을 이용한 LED 조명기구가 적용되기 시작하였다. 특히 색온도와 연색성이 낮은 저압나트륨램프가 많이 적용된 터널을 진입할 때 차량의 색이 태양광 아래에서와 터널 내에서 다르게 느껴지는 경험은 누구나 한번쯤은 있었을 것이다. 이는 물체의 색이 절대적인 것이 아니라 그것을 비추는 광원의 종류, 조명방식 등에 따라 결정되기 때문이다.

조명용 광원은 크게 자연광원과 인공광원으로 나뉜다. 자연광원은 태양광을 말하며, 인공광원은 그 용도에 따라 다양하다. 먼저 광원의 색특성을 나타내는 색온도, 연색성에 관해 알아보고, 조명방식과 조명용 광원의 종류에 관해 살펴보고자 한다.

(1) 색온도

색온도(Color Temperature)는 광원의 색특성을 나타내는 방법이다. 색온도를 정의하기 위해서는 먼저 흑체(Black body)라는 용어를 이해해야 한다. 흑체란 외부에너지를 반사 없이 모두 흡수하는 이론적 물체이다. 빛의 반사가 전혀 일어나지 않고 모든 파장의 빛이 흡수되므로 이를 상징하여 흑체라는 이름이 붙여졌다. 흑체가 에너지를 흡수하면 물질이 뜨거워지고 이로 인해 물질을 구성하고 있는 원자나 분자는 빠르게 충돌하여 내부에너지 상태가 변화된다. 이 과정에서 빛(가시광선)을 포함한 전자기파의 방사가 생긴다.

이를 흑체방사라 하는데, 물체의 재료특성에 관계 없이 연속적인 파장분포를 나타내며 물체의 온도가 증가할수록 더욱 넓은 영역의 분포를 나타낸다(그림 3.3 참조). 즉 온도가 낮을 때는 눈에 보이지 않는 적외선을 주로 방출하고 온도가 높아짐에 따라서 점차 눈에 보이는 가시광선이 많아져서 빛이 색을 띄게 된다. 비교적 저온에서는 붉은 색을 띄다가 온도가 높아짐에 따라 점차 오렌지색, 노란색, 흰색으로 바뀌다가 마침내는 푸른빛이 도는 흰색을 나타내게 된다(그림 3.4 참조). 이러한 빛을 방출할 정도의 뜨거운 물체는 백열전구나 자동차 전조등에 적용되는 할로겐전구를 예로 들 수 있다.

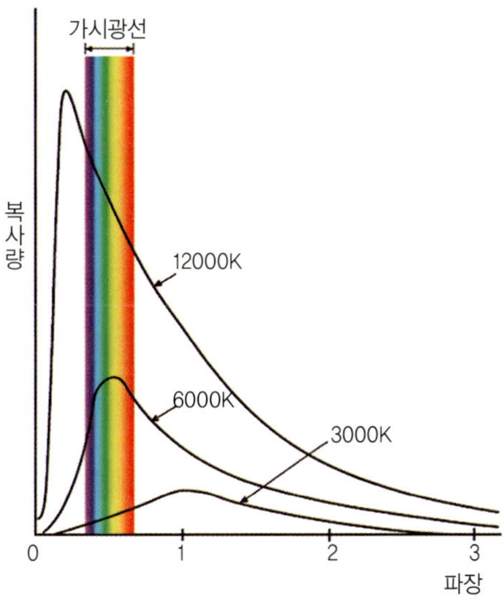

그림 3.3 흑체복사 곡선

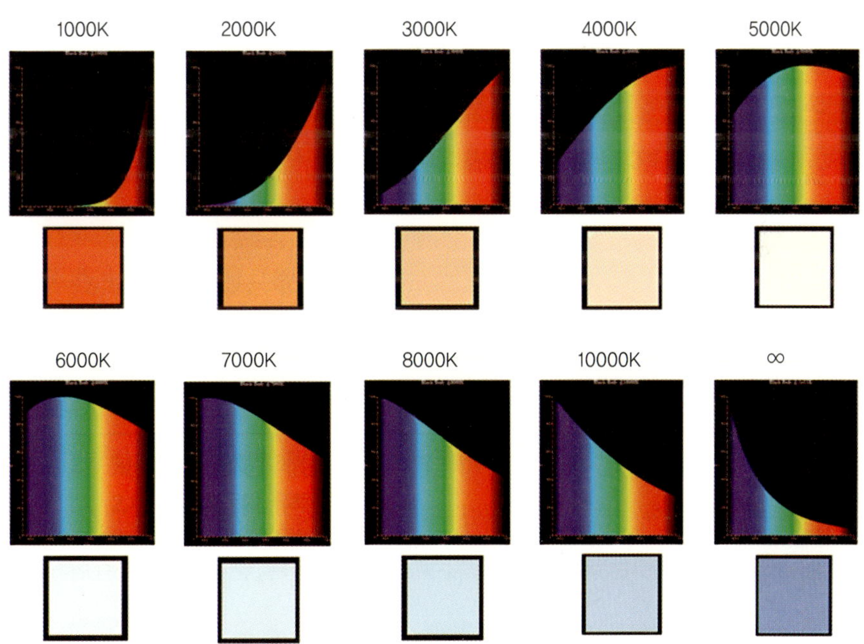

그림 3.4 흑체의 온도에 따른 복사 스펙트럼의 변화

그림 3.5는 흑체가 온도 증가에 따라 방사하는 빛의 색을 CIE 색도도(CIE Chromaticity Diagram)에 나타낸 것으로 그림에 보이는 곡선을 흑체궤적(Blackbody Locus)이라 한다.

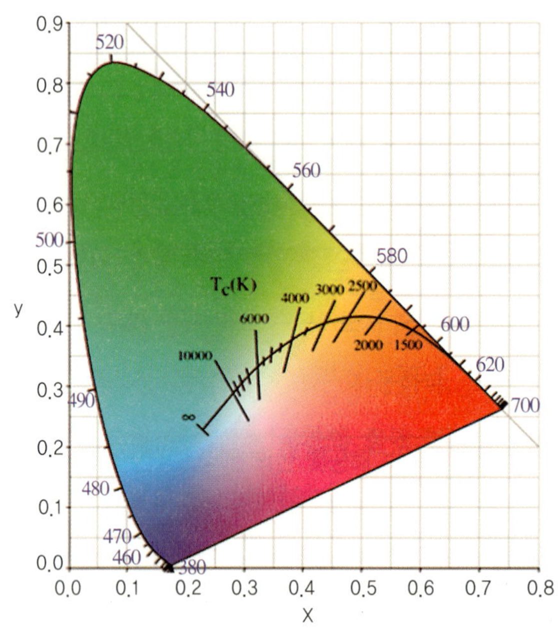

그림 3.5 CIE xy 색도도 상의 흑체궤적과 등색온도선

이와 같이 흑체는 그 온도마다 정해진 색의 빛을 내므로 광원이 흑체의 색과 같은 빛을 내는 경우 이때의 흑체온도를 그 광원의 색온도(Color Temperature)로 정의하고 절대온도 K로 표시한다. 예를 들어 200 W 백열등이 방사하는 빛의 색은 그림 3.5에 나타낸 약 3000K 흑체의 색도좌표와 거의 일치한다. 따라서 백열등은 3000K의 색온도를 지녔다고 말한다(절대온도 K는 섭씨온도 ℃+273 °이다). 그러나 형광등은 자체가 뜨거워져서 빛을 내는 것이 아니므로 흑체방사와는 다른 파장분포를 이룬다. 따라서 형광등 빛의 색은 그림 3.5의 흑체궤적을 벗어나게 되므로 흑체의 색온도로 지정하기는 적절하지 않다. 그러나 이런 경우에도 가장 가

까운 색의 빛을 방사하는 흑체의 온도로 지정하고, 이를 상관색온도(Correlated Color Temperature)라 한다. 그림 3.5에서 나타낸 바와 같이 흑체궤적과 수직을 이루는 등온도선에 위치하는 광원은 모두 동일한 상관색온도로 지정된다.

(2) 연색성

우리는 동일 물체가 인공조명, 그리고 태양 아래에서 각기 다른 색으로 보이는 경험을 하게 되는데, 이는 광원마다 방사하는 빛의 파장분포가 달라 물체로부터 반사되는 빛의 파장분포가 달라지기 때문이다. 이와 같이 광원에 따라 색이 달라지는 효과를 광원의 연색성이라 한다. 색온도가 광원의 색을 나타내는 데 비해 연색지수(Color Rendering Index : Ra)는 시험광원이 얼마나 기준 광 아래에서 보이는 것처럼 충실하게 색을 보여주는가를 나타낸다.

각 광원의 연색지수 Ra는 정해진 8가지의 샘플 색(7.5R6/4, 5Y6/4, 5GY6/8, 2.5G6/6, 10BG6/4, 5PB6/8, 2.5P6/8, 10P6/8)에 대해 시험광원 아래에서 본 경우와 기준광원 아래에서 본 경우의 색 차이로 측정된다. 기준광원은 시험광원에 따라 다르게 선택된다. 시험광원의 색온도가 5000 K 이하일 때는 시험광원의 색온도와 가장 가까운 흑체복사로 택하고, 시험광원의 색온도가 5000 K 이상일 때는 시험광원의 색온도와 가장 가까운 표준 주광(Daylight)을 택한다(색온도별 주광의 파장분포는 국제조명위원회에서 지정해 두었다). 연색지수를 측정하는 과정은 국제조명위원회의 보고서 No. 13.2에 자세히 나와 있다.

8가지의 샘플 색에 대한 평균지수인 연색지수가 100이라는 것은 모든 색이 기준 광 아래에서와 같게 보임을 의미한다. 또한 연색지수가 100 이하로 낮을수록 시험광원의 파장분포가 기준광원과 차이가 큼을 의미한다. 일반적으로 연색지수가 90을 넘는 광원은 연색성이 매우 좋다고 할 수 있다. 백열전구나 할로겐전구의 경우 분광복사분포가 흑체복사와 유사하므로 연색지수가 100에 가깝고, 대부분의 형광램프와 메탈핼라이드램프의 경우는 주광을 기준으로 약 60~85 정도가 되어 필라멘트램프에 비해 연색성은 떨어지나 소비전력 대비 매우 밝은 장점을 지니고 있다. 또한 최근에는 높은 연색지수와 고효율의 특성을 가진 광원이 개발되고 있다. 연색성 평가를 위한 등급은 표 3.1과 같다.

표 3.1 연색성 등급

등급	연색지수
1A	90~100
1B	80~89
2A	70~79
2B	60~69
3	40~58

3.1.3 조명량 측정

(1) 복사속과 광속

어떤 면을 통과하는 복사에너지의 시간에 대한 비율을 복사속(radiant flux)이라 하고, 단위는 [Watt, W]이다. 복사속을 시감으로 측정한 것을 광속(luminous flux)이라 하며, 기호는 F, 단위는 루멘[lumen, lm]이다.

표 3.2 대표적인 광원의 광속 [단위 : lm]

광 원	광 속	광 원	광 속
태 양	3.6×10^{28}	백색형광램프 40 W	3,000
백열전구 40 W	445	고압나트륨램프 400 W	46,000

(2) 광도

점광원(point source)이 어떤 방향으로 발산하는 광속의 입체각 밀도를 그 방향의 광도(luminous intensity)라고 한다. 기호는 I, 단위는 [candela, cd]이다. 1 cd는 점광원을 중심으로 하여 반지름 1 m의 구면을 생각하여 그 구 표면상의 1 m²의 면적을 뚫고 나오는 광속이 1 lm일 때 그 방향의 광도를 1 cd라고 한다.

입체각 ω 내에 광속 F가 균일하게 발산되고 있다면 광도 I는 다음 식과 같다.

$$I = \frac{F}{\omega}$$

만일 점광원으로부터 전공간에 균일하게 광속이 발산되고 있으면 광도 I는 다음과 같다.

$$I = \frac{F}{4\pi}$$

표 3.3 대표적인 광원의 광도 [단위 : cd]

광 원	광 도	광 원	광 도
태양	2.8×10^{27}	백색형광램프 40 W	330
백열전구 40 W	40	형광수은램프 400 W	1,800

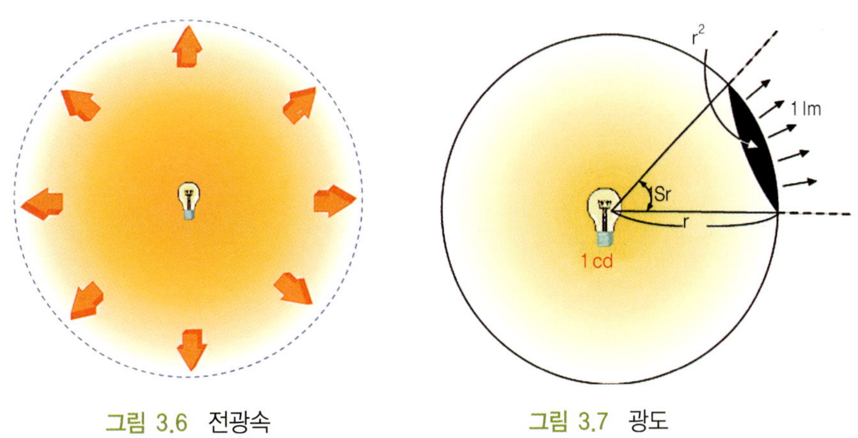

그림 3.6 전광속

그림 3.7 광도

(3) 조도

어떤 면에 대한 입사광속의 면적당 밀도를 그 면의 조도(illuminance)라고 한다. 조도의 기호는 E, 단위는 [lux, lx]이다. 면적 S에 광속 F가 균일하게 입사하면 조도 E는

$$E = \frac{F}{S}$$

로 계산된다. 또한 각종 조도의 단위에는 다음의 관계가 있다.

1 [lux, lx] = 1 [lumen/m²]

1 [phot] = 1 [lumen/cm²]

1 [foot-candle, fc] = 1 [lumen/ft^2] = 10.764 [lx]

조도의 종류에는 입사하는 빛과 빛을 받는 면의 위치에 따라 수평면조도(E_h)와 수직면조도(E_v), 법선조도(E_n)가 있다. 법선조도는 빛의 진행방향에 수직인 면상의 조도를 말한다.

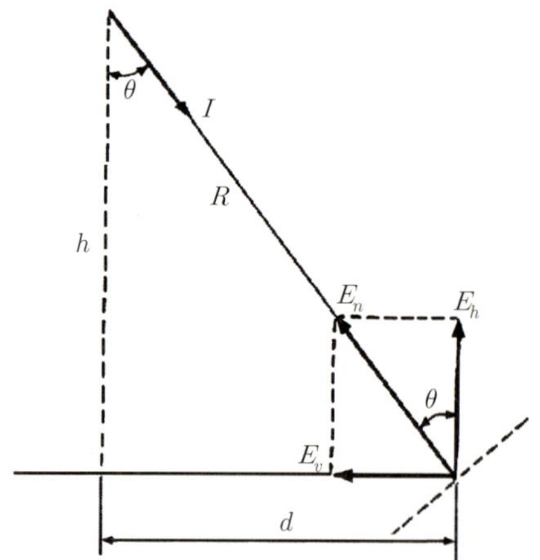

그림 3.8 수평면, 수직면, 법선조도

$$E_n = \frac{I}{R^2}$$

$$E_h = E_n \cos\theta = \frac{I}{R^2}\cos\theta$$

$$E_v = E_n \sin\theta = \frac{I}{R^2}\sin\theta$$

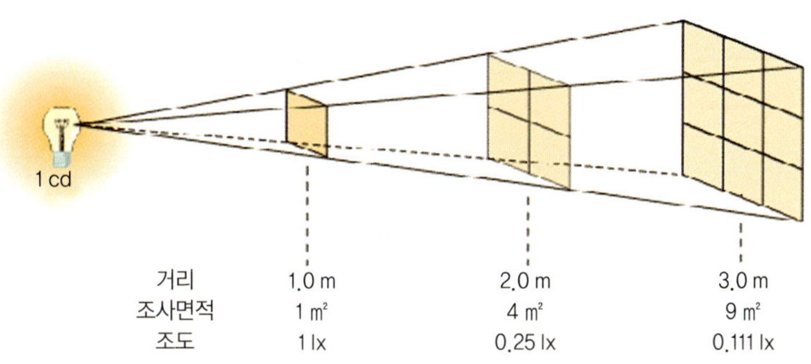

그림 3.9 광도와 조도의 관계

(4) 광속발산도

어떤 면에서 나오는 광속을 그 면의 면적으로 나눈 것을 광속발산도(luminous exitance)라고 한다. 기호는 M, 단위는 [radlux, rlx] 이다.

$$M = \frac{F_{out}}{S}$$

광속발산도는 반사면이나 투과면에서도 정의되며

$$M_\rho = \rho E$$

$$M_\tau = \tau E$$

여기서, ρ : 반사율, τ : 투과율이다.

또한 흡수율을 α라 하면 $\alpha + \rho + \tau = 1$이 성립한다.

(5) 휘도

광원에서 어떤 방향으로 나가는 단위투영면적당 광도를 휘도(luminance)라고 한다. 기호는 L, 단위는 [nit, nt] 이다. 광속발산도는 방향에 관계 없이 그 면에서 나오는 광속을 그 면적으로 나눈 값인 것에 반해 휘도는 특정한 방향에 대하여 정해지는 양이다.

즉 물체 표면의 휘도는

$$L = \frac{I}{S \cdot \cos\theta}$$

이고 S 는 물체의 면적, θ 는 이 면을 비스듬하게 바라보는 경우의 각도이다.

각 휘도의 단위에는 다음의 관계가 있다.

1 [nit, nt] = 1 [cd/m²]

1 [stilb, sb] = 1 [cd/㎠]

1 [foot-Lambert, fL] = $1/\pi$ [cd/ft^2] = 3.426 [cd/m²]

표 3.4 각종 광원의 휘도 개략적 수치 [단위 : cd/㎠]

광 원	휘 도	광 원	휘 도
태양(천장)	160,000	네온관(적색)	0.08
청공	0.4	석유등	1.2
투명전구 100 W	600	양초	0.5
프로스트전구 100 W	14	주광색형광램프 40 W	0.35
고압수은램프 400 W	50	달의 면	0.3
		눈부심을 느끼는 한계	0.5

(6) 효율

실제로 광원에서 발산되는 전방사속보다 많은 에너지를 공급하여야 한다. 즉 전 발산광속 외에 대류, 전도 등에 의한 손실을 포함한 전 소비전력을 고려하여야 한다.

전 소비전력 P에 대한 전 발산광속 F의 비율을 램프효율(lamp efficacy)이라 한다. 기호는 η, 단위는 [lm/W]이다.

$$\eta = \frac{F}{P}$$

광원에서 방사된 빛은 목적에 적합한 배광분포를 가지도록 등기구를 통하여 방사된다. 등기구가 얼마나 효율적으로 광원의 방사광을 방출하느냐는 것을 등기구효율(luminaire efficiency)이라 하고, 기호는 ε, 단위는 무단위 상수로서 보통 %를 사용하며, 다음과 같이 정의한다.

$$\varepsilon = \frac{\text{등기구에서 방출되는 광속}}{\text{광원에서 방출되는 광속}} \times 100$$

또한, 최근 LED를 일반 조명에 응용하면서 등기구효율이 새롭게 정의되며, 이는 광원, 전원장치 및 등기구를 포함한 전체 조명 시스템에 입력된 전력에 대하여 사용자가 얻을 수 있는 총광속의 비로써 기존의 종합효율 또는 시스템 효율에 해당하는 것으로 우리말로는 등기구효율이라 번역되지만 영어로는 luminous efficacy로 표기된다. 단위는 [lm/W]이다.

$$\text{등기구효율(luminous efficacy)} = \frac{\text{등기구 총 방출광속}}{\text{등기구 입력전력}}$$

3.2 인공조명원의 종류 및 특성

3.2.1 백열전구

백열전구는 1879년 에디슨에 의해 탄화 면사 필라멘트 백열전구가 발명된 이래, 다른 램프에 비하여 저효율임에도 불구하고 저가, 고연색성, 배광제어의 용이성 등 장점이 적용될 수 있는 경우, 꾸준히 사용되어오고 있다. 일반 백열전구의 경우 신제품은 발표되지 않고 있으며 가장 최근의 것이 크립톤전구, 세로형 필라멘트 채용 백열전구 정도이다. 할로겐전구에 대해서는 꾸준하게 신제품이 발표되고 있으며, 백열전구가 꼭 사용되어야 하는 곳에는 일반 백열전구보다 고효율, 저소비 전력의 할로겐전구를 채용하는 실정이다.

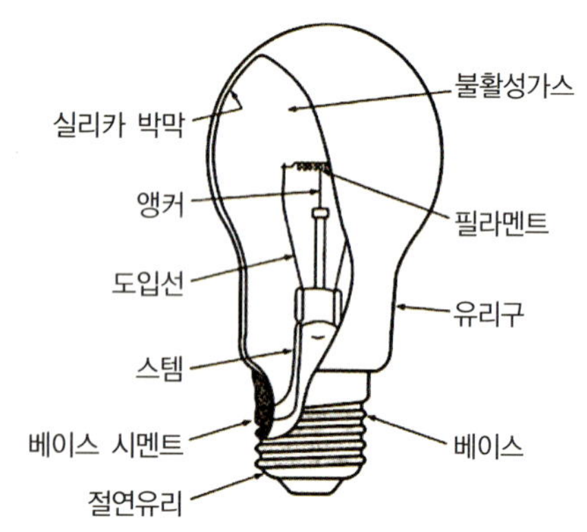

그림 3.10 백열전구

외국에서의 신제품으로는 다양한 빔 각도를 가지는 PAR 타입의 할로겐전구, 젖빛 확산 커버를 채용한 MR16 규격의 할로겐전구가 발표되었으며, 제조사의 발표 규격에 따르면 이들 모두 수명 4,000시간으로 기존 수명의 2배에 이르고 있다.

3.2.2 형광램프 및 HID램프

(1) 형광램프

형광램프는 1938년에 발명되었으며, 1970년대에 삼파장 형광램프의 출현으로 고효율, 고연색성을 함께 갖춘 램프가 개발되어 현재 여러 광원 중에서도 가장 널리 사용되고 있다. 최근에는 분광분포에서 청록색 및 짙은 적색에너지를 가한 오파장 형광램프도 선보이고 있다.

가장 널리 사용되고 있는 직관 형광램프는 T10(관경 32 mm)에서 급속히 T8(관경 26 mm)로 대체되었고, 현재 기존의 T10 40 W 형광램프는 간판의 내부조명용으로만 허가가 나있다. 우리나라의 경우 26 mm 형광램프는 에너지 자원절약 차원에서 정부가 정책적으로 지원하고 있다. 최근 더욱 효율이 향상된 T5(관경 16 mm) 규격이 개발되어 유럽을 시작으로 빠르게 적용되고 있고 안정기 내장형 형광램프도 많이 이용되고 있다. 우리나라의 경우에도 몇 년 전 KS 규격이 이미 확정되었고, 수입제품뿐만 아니라 몇몇 국내 조명회사에서 자체 개발을 완료하여 시장판

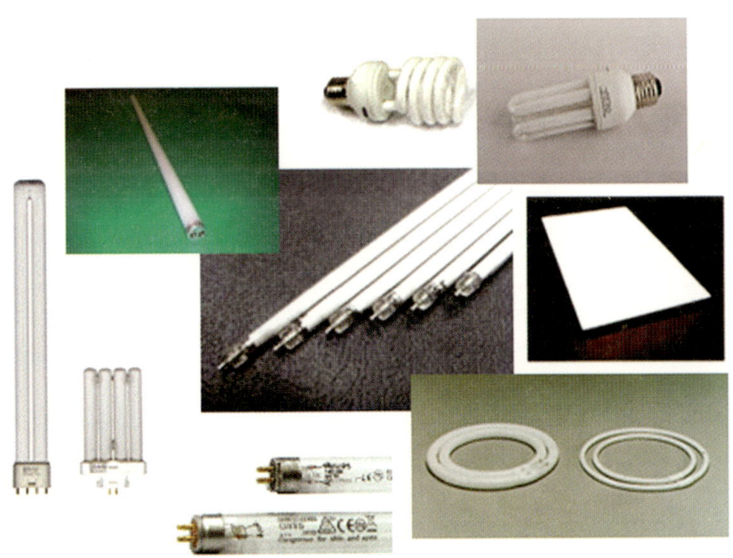

그림 3.11 각종 형광램프

매가 이루어지고 있다. T5 규격의 경우는 이전의 램프와 길이, 핀규격 등이 다르기 때문에 전용의 전자식 안정기와 전용의 등기구를 사용해야 하는 대체용이 아닌 신규용으로 고려된다. T5 램프의 경우 그 효율이 좋고 콤팩트하여 기존의 조명 외에 장식용 목적으로 여러 응용 분야로 확대될 것으로 전망되고 있다.

에너지 소비량이 큰 백열전구를 대체하기 위해 개발된 콤팩트 형광램프(Compact Fluorescent Lamp ; CFL)는 새로운 램프의 모양, 다양한 크기 및 성능 향상 등으로 그 시장성이 지속적으로 상승하고 있다. 그러나 이를 대체 가능한 무전극 램프나 LED램프 등 신기술이 지속적으로 개발되고 있어 효율 및 가격면에서 경쟁하게 될 것이다.

형광램프의 가장 선진화된 기술이라고 할 수 있는 CCFL(Cold Cathode Fluorescent Lamp)은 현재 일반조명용 광원보다는 주로 LCD용 Backlight로 사용되고 있으며, 일본 등에서 독점기술을 지니고 있던 것을 최근 국산화에 성공한 제품이다. 낮은 소비전력, 장수명, 우수한 진동 및 충격저항, 작은 크기와 경량을 특징으로 한다. 이는 기존 일반 형광램프에 비해 부가가치가 매우 높을 뿐만 아니라 LCD-TV에 적용되어 기하급수적으로 수요가 증가하게 되었다. 하지만 현재 여러 가지 방법을 통하여 개발이 시도되고 있는 면광원이 상용화될 경우 가격이나 효율, 광균제도, 설치의 용이성 등에서 이와 경쟁해야 하는 어려움을 겪게 될 수 있다. 현재 CCFL은 LCD용 Backlight 이외에도 낮은 소비전력, 장수명 및 고휘도를 장점으로 유도등(Exit Sign) 및 광고 패널의 광원으로 사용되고, 점차 그 활용 범위를 일반 조명으로까지 넓혀가고 있다.

외국의 경우 절전형 T8 28 W 직관 형광램프와 안정기, 수명 30,000시간 이상의 장수명 직관 형광램프, TCLP 대응 T5, T5HO 직관 형광램프, 특수효과 연출에 사용하기 위한 T5 28 W의 3종(적색, 녹색, 청색)의 직관 형광램프, 고출력(소비전력 60, 85, 120 W)의 콤팩트 형광램프, 기존 백열전구 등기구에 그대로 사용할 수 있는 각종 소형 안정기 내장형 형광램프가 발표되었다.

(2) HID램프

HID램프는 소형화, 콤팩트화되어가고 있는 것이 현재의 연구개발 추세이다. HID램프의 주요 광원인 메탈핼라이드램프나 고압나트륨램프와 같은 경우 기존의 고압수은등용 등기구를 사용하기 위해 램프 체적이 크게 설계되었다. 이는 열방출을 쉽게 하는 데 도움이 되었지만 조광제어에 있어서 걸림돌이 되었다. 조광제어를 원활히 하기 위해서는 형광체에 의한 특성 개선을 필요로 하지 않는 메탈핼라이드램프나 고압나트륨램프를 사용하여 발광관을 광원의 크기로 한 기구설계를 필요로 한다. 즉 광원의 크기는 외구의 크기에서 발광관의 크기로 바뀐다. 램프의 크기가 작아지면 기구설계에는 여유가 생기는데, 램프측에서 보면 열적인 부하가 증가하는 것이 되며, 그만큼 외형이나 발광관에 사용되는 재료나 설계의 재검토가 이루어지고, 예컨대 용적비가 1 : 10 정도 이하로 되어 있는 램프의 경우, 외구에 통상 사용되고 있는 경질유리 대신 내열성이 좋은 석영유리가 사용되고 있다.

또 점포조명의 경우에는 기구가 너무 눈에 뜨이지 않게 하는 것이 요구되며 효율이 높고 연색성이 좋은 소형 HID램프를 사용한다. 이 용도에서는 특히 램프 자체가 작을 필요가 있으며 저전력화(150 W 이하)와 함께 소형화가 진행되고 있다.

현재, 실외조명과 상업용 조명으로 널리 사용되고 있는 HID램프나 할로겐전구

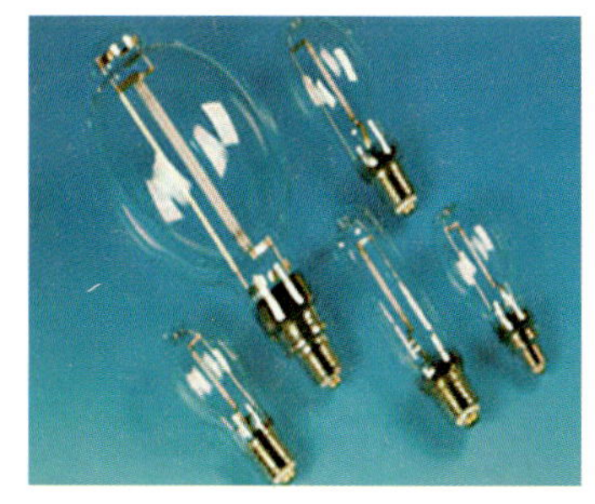

(a) 나트륨램프

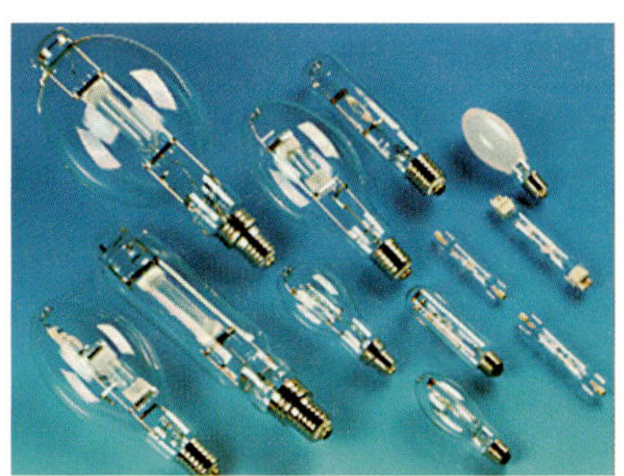

(b) 메탈핼라이드램프

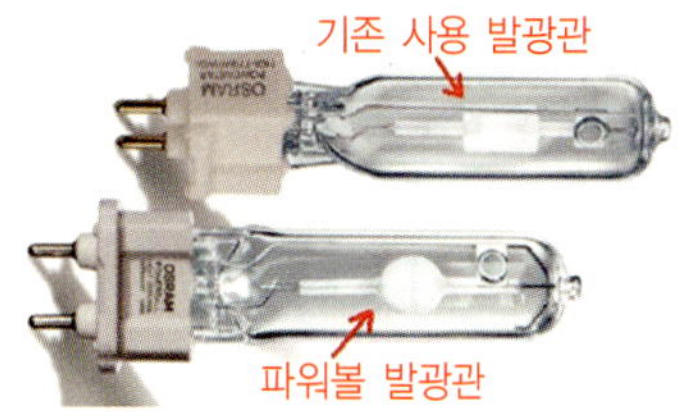

(c) 세라믹 메탈핼라이드램프

그림 3.12 각종 HID램프

로 대체하고 시장을 점점 넓혀가고 있는 램프가 UHP(ultra high pressure)램프이다. UHP램프는 필립스사에서 최근에 개발한 램프로써 일종의 초고압램프이다. UHP램프는 장수명, 점등 중 광속의 높은 안정성을 특징으로 기존에 할로겐전구가 점유하고 있던 광학기용 조명시장을 빠르게 대체하고 있다. 특히, 빔 프로젝터나 프로젝션 TV의 수요 증가에 따라 UHP램프 수요도 계속해서 증가할 것으로 보인다.

외국의 경우 기존의 원통형에서 구형으로 발광관의 모습을 개조한 메탈핼라이드램프, 35~100 % 까지 조광이 가능한 메탈핼라이드램프와 전자식 안정기, 기존 1 kW 램프 대체용 875 W 메탈핼라이드램프와 전용 안정기, 의료, 연구, 특수 효과 등에 사용될 수 있는 200, 270, 350 W의 소형 직류방전 램프, TCLP 대응 메탈핼라이드램프, PAR64 세라믹 메탈핼라이드램프, 다양한 규격의 세라믹 메탈핼라이드램프, T4 규격의 세라믹 메탈핼라이드램프, 등기구 디자인을 용이하게 해주는 100 W 콤팩트 고압나트륨램프 등이 발표되었다.

3.2.3 신광원

(1) 무전극 램프

무전극 램프의 기본 동작원리인 고주파 무전극방전은 100여 년 전에 발견한 현상이지만 조명용 광원으로써 본격적으로 연구된 것은 1970년 중반부터였다. 하지만 상품화에는 실패하였고 1990년대에 들어와서 미국, 네덜란드 및 일본 등에서 개발 및 상품화가 급속도로 진행되어 현재, GE, Osram, Philips, National 등 세계적인 조명회사들이 다양한 규격의 제품을 세계시장에 판매하고 있다.

국내의 경우 무전극방전램프가 연구·개발과제로서 부각된 것은 수년 전이며, 국책과제로 사업이 완료되었다. 저압형광형은 금호전기를 중심으로 수십에서 150 W급을 개발하여 시판하고 있고, 고압형은 몇몇 업체에서 개발하였으며, LG전자는 700 W급을 개발하여 시판하고 있다.

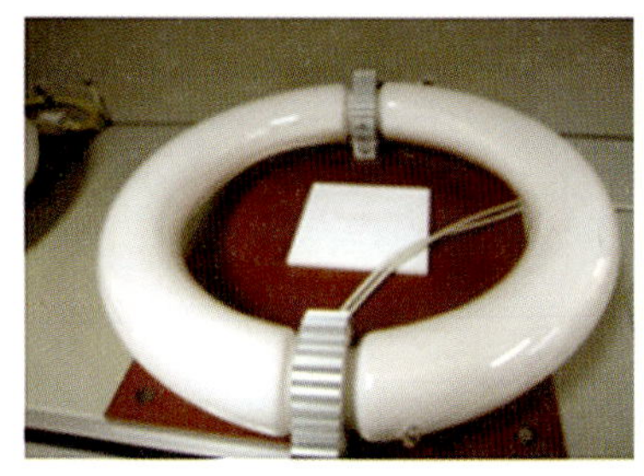

그림 3.13 무전극램프

방전램프의 전극은 상당한 에너지 손실원이며 제조하기가 까다롭고 점등 실패의 결정적 원인이 되는 등 전극으로 인해 여러 가지 문제가 발생한다. 그러나 무전극방전을 이용할 경우에는 이러한 점이 해소되므로 수명 측면에서 보면 이것만큼 확실한 해결책은 없다. 일반적인 형광램프의 수명이 8,000시간인 반면에 무전극형광램프의 가장 큰 장점인 장수명 특성은 초기 광속 대비 55 %까지 수명이 약 10만 시간 정도로 몇 배 이상이 된다. 이 값은 1일 10시간씩 사용 시에 27년 이상 사용이 가능한 수치이다. 결국, 장수명, 고효율조명으로서 대폭적인 에너지절감을 할 수 있고, 적절한 곳에 사용할 경우 유지 및 보수비를 획기적으로 절감할 수 있다. 또한 봉입되는 수은의 양을 최소화하여 환경유해물질 발생을 최소화할 수 있는 큰 장점을 가지고 있다.

그러나 이러한 여러 장점을 가졌음에도 불구하고 제품을 사용화하기에는 몇 가지 어려움이 있다. 첫째가 경제적인 측면이고, 둘째는 제한된 동작주파수이며, 셋째가 전자파 간섭의 문제이다. 일반적으로 RF방전을 발생시키고 유지하기에는 높은 주파수가 유리하지만 동작주파수 선택의 폭이 한정되어 있고, RF 전원장치의 복잡한 스위칭 회로 제작은 비싸질 수밖에 없다. 또한 각종 의료장비 및 통신기기, 계측기와 인체에 미치는 유해성 유무에 논란의 여지가 있는 EMI(Electro Magnetic Interference) 억제에 대한 관심은 점점 증대하고 있으며, 이러한 점들의 개선은 꾸준한 연구를 통해 모색되어야 할 것이다. 또한 무전극형광램프의 전력

효율은 램프 내의 가스 종류, 가스압력, 램프형상 자성체 재료 및 형상, 그리고 동작주파수 등에 의존한다. 특히 제한된 주파수에서의 효율성 향상을 위해서는 램프의 구조설계 분야도 큰 비중을 차지한다. 고주파 에너지를 공급하는 장치는 중앙부에 발생하는 공진주파수를 전자기장을 이용하여 에너지를 공급하는데, 이 때의 전기적인 변환 결합은 매우 중요하며, 지금까지 이를 위한 많은 특허와 기술보고가 있으나 실용화하기에는 해결해야 할 문제점들이 많다.

외국에서는 Philps의 QL램프, Osram의 Endura, GE의 Genura가 발표되어 이미 상용화되고 있으며, 최근 국내에서도 그 사용이 급격히 늘어가고 있다.

(2) LED램프

반도체기술의 발전으로 기존에는 전자회로부품으로 사용되던 LED(Lighting Emitting Diode)가 또 다른 조명용 광원으로 대두되고 있다.

1960년대 말부터 LED광원이 실용화되기 시작하였으며, 현재는 미래의 첨단 조명으로 많은 연구가 이루어지고 있다. LED는 전류를 인가하면 빛을 내는 화합물

그림 3.14 LED조명의 다양한 응용

반도체로 순수한 파장의 빛을 가진 단색광원체이다. 원색의 경우 단파장발광으로 고순도컬러를 재현할 수 있으며, 단파장색의 혼합에 의해 중간색의 표현도 가능하다. LED의 특성상 기존 전구에 비해 1/20~1/50 정도의 저전력소비로 에너지절감 및 환경친화적 제품의 대표주자라 할 수 있다.

현재 전구형, 막대형 등의 램프가 시중에 판매되고 있으며, 정부에서는 2000년초 기존의 백열전구 신호등을 LED 신호등으로 대체하는 사업을 추진하여 대부분의 지자체에서 교체하였다. 특히 신호등의 경우 150 W 백열전구가 10 W 이하의 LED로 대체됨으로써 에너지절감량이 매우 크다고 할 수 있으나 이는 신호용으로 일반조명용과는 큰 차이가 있다.

현재 LED는 MR램프(할로겐전구)나 소형 조명시장의 일정 부분을 차지하고 있으며, 1960년대에 보급된 직관형 형광램프도 국내 안전인증(KC)을 계기로 보급·확산이 예상된다. 또한 보안등, 가로등, 경광조명, 광고조명, 장식조명 등 옥외조명의 산업 분야로 확대되고 있으며, 통신, 가전, 자동차, 의료, 의류, 바이오 등 다양한 산업의 이종간 접목을 통한 기술 발전이 계속 이루어지고 있다.

(3) 기타 개발중인 신광원

최근 무수은 고효율 박막 발광에 대한 관심이 높아지면서 EL램프, CNT(Carbon Nano Tube) 등의 신소재를 사용한 램프에 대한 관심이 높아지고 있다.

CNT램프는 CNT라는 탄소동위원소를 전자방출소자로 이용한 전극과 형광체를 도포한 전극 사이에 고압의 전계를 가하면 전자가 방출되어 전면의 형광체를 여기시키는 방법으로 기존의 FED와 같은 발광원리를 갖고 있다. CNT광원은 고휘도 구현이 가능하여 아직 실험실 수준에서 최고 100,000 cd/m²의 휘도를 얻은 것으로 보고되었다. 램프의 두께는 약 2~3 mm로 초박형이다. CNT의 가장 큰 장점은 수은이 전혀 필요 없다는 것이다. 현재 정부에서 추진하고 있는 형광램프의 수은 규제와 맞물려 무수은 램프라는 장점이 부각되고 있다. CNT를 이용한 램프는 기

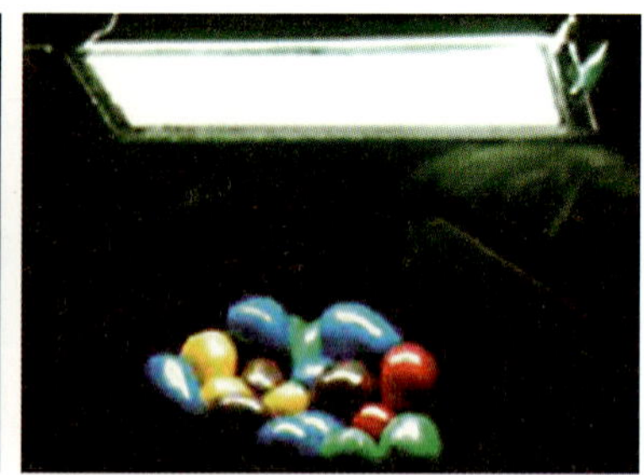

그림 3.15 CNT와 OLED 신광원

존의 면광원과 같이 LCD용 Backlight로 사용될 수 있으며, 가격과 효율면에서 어느 정도 경쟁력이 확보된다면 추후 광고용이나 일반조명용으로도 쓰임새가 확대될 수 있다. 외국의 몇몇 연구소에서 연구·개발차원으로 신호등, 20 W 직관형 형광램프에 적용하여 점등실험을 하였다는 보고가 있으며, 국내에서도 연구·개발이 진행되고 있다. CNT Powder는 국내 제조사에서 개발이 완료된 상태이다.

EL램프는 1936년 투명전극과 일반전극 사이에 절연체를 충진시키고 교류전압을 공급할 때 발광현상이 일어나는 것을 응용한 제품으로 저전력소비, 초박형, 자유형상으로 제조가 가능하다는 장점을 가지고 있다. 수명은 무기발광재료를 사용할 경우 10,000시간 정도이고, 실용에는 휘도가 너무 낮아 한동안 제조 및 연구가 중지된 상태였다. 최근 유기발광재료의 개발에 힘입어 다시 연구가 진행되고 있으며(OLED), 수명 3,000시간 정도로 다른 광원에 비하여 짧다는 단점이 있으나 초기의 장점은 그대로 유지하고 있어 그 응용이 주목된다. 주요 성능 개선점으로는 구동주파수 증가에 의하여 휘도와 소비전력을 증가시켜 현재 휘도 50~200 nt의 제품도 발표되고 있다. 특히, OLED는 디스플레이 소자로 이용하려는 연구가 활발하다.

이외에도 외부전극 형광램프(EEFL, 수명 50,000시간의 장수명, 일반 냉음극 형광램프 사용 가능, 하나의 전원장치로 여러 개의 램프 점등), 무수은 Xe 평판형광램프(상품명 Planon, Osram사 제조, 효율 30 lm/W, 휘도 10,000 nt) 등의 여러 가지 신광원이 발표되고 있다.

3.3 조명원에 의한 빛공해

3.3.1 빛공해 방지를 위한 CIE(2003) 조명설치 지침

CIE 150(2003)의 '옥외조명이 유발하는 장해광의 영향을 제한하는 지침서'에서는 거주민에게 피해를 주는 침입광, 시야 내의 글레어, 교통시스템 이용자의 시각에 장해를 주는 빛, 밤하늘에 밝게 퍼지는 산란광, 에너지낭비를 초래하는 누설광 및 과도조명에 대한 규제 대상과 평가기준이 제시되어 있다.

이 지침서는 가로등, 보안등이 해당되는 도로조명뿐만 아니라 투광조명, 경관조명 등 옥외조명 전체에 대한 빛공해 방지기준 및 대책을 다루는 것으로, 규제 대상은 모든 옥외조명에 걸쳐 동일하지만 조명기구가 도로조명인 경우의 평가기준은 공공조명임을 고려하여 일부 조명환경구역과 조명기술요소에 대한 제한치를 상향으로 적용하도록 하고 있다.

지침서에 제시된 계산, 평가법 및 평가기준은 유럽 여러 국가와 일본, 미국 등의 빛공해 관련 기준 및 지침서에 적용되고 있으며, 대상 조명기구에 대한 규제 부분과 평가대상은 표 3.5와 같다.

표 3.5 CIE 지침서의 빛공해 규제 대상 및 평가기준

빛공해 규제 대상	평가기준 및 적용
주거지에 미치는 침입광	주거지 창 표면의 연직면조도
시야 내의 글레어	거주자에게 불편을 주는 방향에서의 광도
교통시스템 이용자에게 미치는 장해	특정 위치 및 시선방향에 대한 임계치 증분(TI)
산란광	조명설비의 상향광속비(ULR)
건축물 등의 과도조명	건물정면 · 간판의 수직표면휘도의 평균값

표 3.6 CIE 조명환경관리구역

구역	주변	조명환경	예
E1	자연	본질적으로 어두움	국립공원
E2	지방	낮은 밝기	산업 혹은 지방 주거지역
E3	교외	중간 밝기	산업 혹은 주거지역
E4	도시	높은 밝기	도시중심가 및 상업지역

표 3.7 경계에 접하는 수직면 조도의 최대치(CIE) [단위 : lx]

조명기술 파라미터	적용조건	환경구역			
		E1	E2	E3	E4
연직면 조도	소등시간 이전	2	5	10	25
	소등시간 이후	0*	1	2	5

* 주 : 조명기구가 공공(도로)조명 용도일 때 이 값은 최대 1 lx까지 가능하다.
※ 제시된 값은 전체 조명설비의 합계이다.

표 3.8 지정된 방향에서의 조명기구 광도의 최대치 [단위 : cd]

조명기술 파라미터	적용조건	환경구역			
		E1	E2	E3	E4
조명기구의 광도	소등시간 이전	2,500	7,500	10,000	25,000
	소등시간 이후	0*	500	1,000	2,500

* 주 : 조명기구가 공공(도로)조명 용도일 때 이 값은 최대 500 cd까지 가능하다.

침입광 규제는 주거건물 표면(창문)에 허용되는 연직면조도의 최대치가 적용되며 평가를 위해서는 컴퓨터 프로그램을 이용하여 가상격자의 조도를 계산하는 방식을 취한다. 격자는 방위각 방향 5m, 수직방향 1m 이하의 간격으로 수직면에 표시한 점으로 이루어진다. 격자의 세로축 상단은 인접부지의 가장 높은 위치로 정한다.

글레어 규제는 조명설비의 실제 적용 위치와 방향에 대한 광도로 평가한다. 우선, 조명기구 조사방향에 대한 창의 방위각과 앙각을 구하고, 광도분포 데이터에서 해당 방향으로의 광도를 찾아내는 방식을 취한다.

교통시스템 이용자에게 미치는 영향의 규제에 대해서는 임계치증분(TI)을 계산하고, 도로조명등급별로 제시된 제한치가 적용된다. 연속조명에 대한 임계치증분의 계산과 달리 지침서에서는 도로조명이 아닌 조명설비의 영향에 대하여 계산하도록 하고 있으며, 그 제한치는 모든 도로에 대해 15% 이하가 될 것을 권고한다.

산란광 규제에 대해서는 조명설비의 상향광속비(ULR)로 제한한다. 단, 상향광속비는 모든 옥외조명의 상황, 즉 조명기구가 모든 방향으로 조사되는 경우에 대한 계산에 유용하며, 도로조명 등과 같이 조명기구가 고정 위치에서 수평으로 장착되는 경우에 대해서는 상향광출력비(ULOR) 계산이 보다 단순한 통제방법이 될 수 있다고 권고한다.

표 3.9 비 도로조명설비로부터의 임계치증분(TI) 최대치

조명기술 파라미터	도로 종류[1]			
	비 도로조명	M5	M4/M3	M2/M1
임계치증분[2] TI	0.1 cd/㎡의 순응휘도를 기준으로 15 %	1 cd/㎡의 순응휘도를 기준으로 15 %	2 cd/㎡의 순응휘도를 기준으로 15 %	5 cd/㎡의 순응휘도를 기준으로 15 %

* 주 : 1) 도로의 종류는 CIE 115-1995에 제시되어 있다.
2) 위의 제한치는 운송시스템 이용자의 필수정보 지각능력이 감소되는 경우에 적용하며, 상관 위치나 이동경로상 바라보는 방향에 대한 값이다.

표 3.10 상향광속비(ULR)의 최대치와 공간조명기구 기준

조명기술 파라미터	응용조건	환경구역			
		E1	E2	E3	E4
상향광속비(ULR)	조명기구의 총 광속에 대한 조명기구 바로 위 수평면 광속의 비	CIE 126-1997 표 2*에 따른 값 참조			

*주 : 파라미터 상향광속비(ULR)는 CIE 126-1997에서 사용한 상향광출력비(ULOR)와 동일하며, CIE 126 : 1997상의 상향광출력비는 램프의 광속이 아니라 조명기구의 광속과 관계 있는 것으로 되어 있다.

3.3.2 조명원의 빛공해 특성

조명원에 의한 빛공해의 원인은 크게 공간조명, 장식조명, 광고조명으로 분류된다.

(1) 공간조명

공간조명은 안전하고 원활한 야간활동을 위한 측정공간을 비추는 가로등, 보안등, 공원등의 조명기구를 말하며, 주택의 침입광을 발생시키는 주요 원인으로 분류되고 있다. 공간조명에 적용되는 조명기구에 의한 빛공해는 등기구로부터 방사되는 전사광, 후사광, 상향광에 의한 것으로 전사광과 후사광은 침입광을 유발하며 산란광은 상향광을 발생시키는 원인으로 작용하고 있다.

공간조명의 상향광으로 인해 유발되는 빛공해의 주요 원인은 가로등, 보안등의 배면 글러브에 의한 반사로 유발되는 산란광과 확산형 공원등에 의해 상부로 방사되는 산란광에 의하여 발생한다.

전사광 및 후사광의 경우는 일반건물 및 주택 간의 이격거리를 고려하지 않고 설치된 기구와 설치각도 등에 의한 영향으로 볼 수 있으나 후사광의 경우 우리나라의 주거지역 구조상 그 대책마련이 쉽지 않은 상황이다.

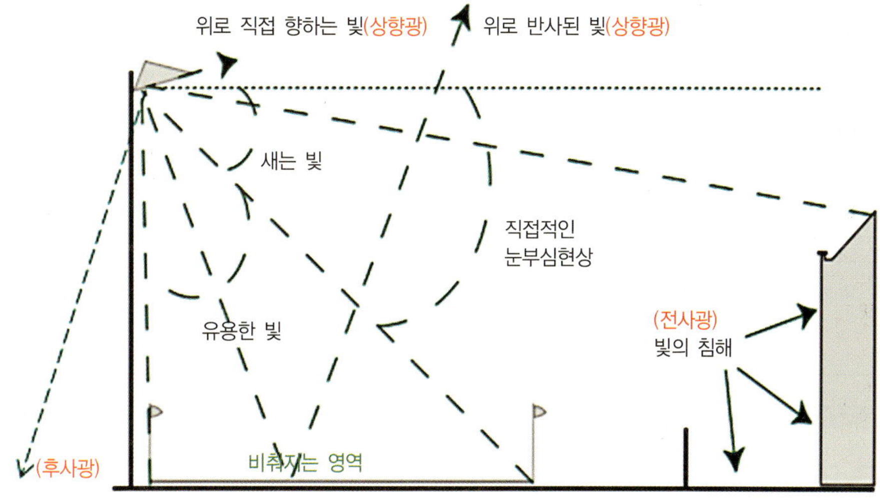

그림 3.16 공간조명에 의한 빛공해

그림 3.17 가로등, 보안등, 공원등에 의한 상향광

그림 3.18 공간조명에 의한 전사광, 후사광

다음의 표 3.11과 3.12는 공간조명의 배광측정 결과와 시뮬레이션을 이용한 거주지 간의 이격거리를 검토한 결과로 설치 높이는 국토교통부 (「도로관리기준」 2. 조명시설) 기준을 근거로 현재 공간조명에 많이 적용되고 있는 나트륨램프와 메탈핼라이드램프 광원을 사용한 등기구를 적용하였다.

그러나 이러한 결과는 등기구의 다양한 형태 및 설치조건, 주위환경 등에 따라 다르기 때문에 참고로 하기 바란다.

표 3.11 침입광 조도기준을 고려한 가로등기구 – 주거지 최소거리

구분	가로등 설치 높이에 따른 주거지 최소 이격거리		
	설치높이 8 m	설치높이 10 m	설치 높이 12 m
가로등 (Non-cut off)	2.0배 이상	1.7배 이상	1.5배 이상
가로등 (Cut off)	1.5배 이상	1.3배 이상	1.1배 이상

표 3.12 침입광 조도기준을 고려한 보안등기구 - 주거지 최소거리

구분	보안등 설치 높이에 따른 주거지 최소 이격거리		
	설치높이 4 m	설치높이 5 m	설치높이 6 m
확산형 보안등	2.4배 이상	1.9배 이상	1.6배 이상
가로등형 보안등(전주형 보안등)	2.0배 이상	1.7배 이상	1.5배 이상

(2) 장식조명

장식조명은 위락 및 숙박시설, 기타 건축물, 문화재 등으로 장식을 목적으로 그 외관을 비추거나 외관에 설치되어 그로부터 복사되는 빛에 의해 산란광을 유발하거나 주변 동·식물에 노출되는 조명기구를 말하며, 최근 빛의 직진성이 강하고 휘도가 높은 LED조명 보급으로 장식조명에 의한 빛공해는 증가하고 있다. 특히 아파트 및 일반 건축물의 과도한 옥탑조명 설계로 서울시에서는 조명 심의를 통해 무분별한 조명설치를 제한하고 있으며, "좋은빛 상"제도를 2012년에 추진하여 도시의 빛환경 개선을 추진하고 있다.

그림 3.19 장식조명에 의한 산란광

그림 3.20 재귀반사에 의한 산란광

장식조명은 건물 외관에 투광되어 반사되는 빛과 네온, LED광원 등을 이용한 건물 외관 설치 조명으로 투광등을 사용하여 과도한 벽면조명에 의해 입사방향의 넓은 범위에 걸쳐 방사가 입사방향으로 반사되어 되돌아가는 현상인 재귀반사(再歸反射)가 발생하며, 고휘도 LED를 사용한 건물의 경관조명은 맞은편의 건물에 유입되는 침입광과 글레어의 발생 원인으로 작용한다.

환경부 「인공조명에 의한 빛공해 방지법」에서는 이러한 장식조명에 의한 빛공해 방지를 위하여 다음 표 3.13과 같은 빛방사 허용기준을 정하고 있다.

표 3.13 장식조명의 빛방사 허용기준 [단위 : cd/m²]

조명환경 관리구역	주변지역의 밝기	장식조명 표면휘도 기준		토지용도(참고)
		평균값	최대값	
제1종	어두운 지역	5	20	자연환경 보전지역, 보전 자연녹지지역 등
제2종	낮은 밝기의 지역	5	60	농림지역, 생산녹지지역 등
제3종	중간 정도 밝기 지역	15	180	주거지역 등
제4종	높은 밝기 지역	25	300	상업지역 등

* 적용시간 : 해진 후 60분~해뜨기 전 60분

맞은편 보행로 대상지역과의 이격거리 7m 제3종 일반주거지역

맞은편 보행로 대상지역과의 이격거리 7m, 일반상업지역

그림 3.21 지역별 장식조명의 휘도분포

(3) 광고조명

광고조명은 「옥외광고물 등 관리법(2013.3.23 시행)」 제2조 제1호에 따른 옥외광고물 중 전기를 이용하는 조명기구를 말하며, 플렉스형, 채널레터형, 전광판의 전광류형 등으로 구분할 수 있다.

플렉스형

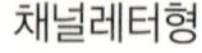

채널레터형

외부투광형

전광류형

그림 3.22 광고조명의 형식별 분류

「옥외광고물 등 관리법 시행령(2014.1.1 시행)」의 제3조 옥외광고물의 분류에 따르면 옥외광고물은 다음 표 3.14와 같이 분류되지만 전기가 사용되는 광고물은 「인공조명에 의한 빛공해 방지법」의 광고조명에 해당한다.

표 3.14 옥외광고물의 분류

구분	내용
가로형 간판	• 문자 · 도형 등을 목재 · 아크릴 · 금속재 등의 판에 표시하거나 입체형으로 제작하여 건물의 벽면에 가로로 길게 붙이거나 벽면 등에 직접 도료(색상이 표시된 천 · 종이 · 비닐 · 테이프 등을 포함한다. 이하 같다)로 표시하는 옥외광고물 • 주유소 또는 가스충전소의 주유기 또는 충전기시설의 차양면(遮陽面)에 상호 · 정유사 등의 명칭을 표시하거나 상호를 현수식(懸垂式)으로 표시하는 광고물
세로형 간판	• 문자 · 도형 등을 목재 · 아크릴 · 금속재 등의 판에 표시하거나 입체형으로 제작하여 건물의 벽면 또는 기둥에 세로로 길게 붙이거나 벽면 등에 직접 도료로 표시하는 광고물
돌출간판	• 문자 · 도형 등을 표시한 목재 · 아크릴 · 금속재 등의 판이나 이용업소 · 미용업소의 표지등(標識燈)을 건물의 벽면에 튀어나오게 붙이는 광고물
공연간판	• 공연 · 영화를 알리기 위한 문자 · 그림 등을 목재 · 아크릴 · 금속재 등의 판에 표시하거나 실물의 모형 등을 제작하여 해당 공연 건물의 벽면에 표시하는 광고물
옥상간판	• 건물의 옥상에 따로 삼각형 · 사각형 또는 원형 등의 게시시설을 설치하여 문자 · 도형 등을 표시하거나 승강기탑 · 계단 탑 · 망루 · 장식탑 · 옥탑 등 건물의 옥상구조물에 문자 · 도형 등을 직접 표시하는 광고물
지주(支柱) 이용 간판	• 문자 · 도형 등을 표시한 목재 · 아크릴 · 금속재 등의 판을 지면에 따로 설치한 지주에 붙이는 광고물 • 문자 · 도형 등을 따로 설치한 삼각기둥 · 사각기둥 · 원기둥 등의 게시시설 기둥면에 직접 표시하는 광고물 • 군사시설, 철도의 주요 경계시설, 공사현장 등을 가리기 위하여 지주형태로 설치한 시설물에 문자 · 도형 등을 표시하는 광고물
현수막	• 천 · 종이 · 비닐 등에 문자 · 도형 등을 표시하여 건물 등의 벽면, 지주, 게시시설 또는 그 밖의 시설물 등에 매달아 표시하는 광고물
애드벌룬	• 비닐 등을 사용한 기구에 문자 · 도형 등을 표시하여 건물의 옥상 또는 지면에 설치하거나 공중에 띄우는 광고물
벽보	• 종이 · 비닐 등에 문자 · 그림 등을 표시하여 지정게시판 · 지정벽보판 또는 그 밖의 시설물 등에 붙이는 광고물
전단	• 종이 · 비닐 등에 문자 · 그림 등을 표시하여 옥외에서 배부하는 광고물
공공시설물 이용 광고물	• 공공의 목적을 위하여 설치하는 인공구조물 또는 편익시설물에 표시하는 광고물
교통시설 이용 광고물	• "옥외광고물 등 관리법 시행령(2014.1.1 시행)"의 제2조 제1호 각목의 교통시설에 문자 · 도형 등을 표시하거나 목재 · 아크릴 · 금속재 등의 게시시설을 설치하여 표시하는 광고물
교통수단 이용 광고물	• 제2조 제2호 각목의 교통수단 외부에 문자 · 도형 등을 아크릴 · 금속재 등의 판에 표시하여 붙이거나 직접 도료로 표시하는 광고물
선전탑	• 도로 등의 일정한 장소에 광고탑을 설치하여 탑면에 문자 · 도형 등을 표시하는 광고물
아치광고물	• 도로 등의 일정한 장소에 문틀형 또는 반원형 등의 게시시설을 설치하여 문자 · 도형 등을 표시하는 광고물
창문 이용 광고물	• 천 · 종이 · 비닐 등에 문자 · 도형 등을 표시하여 창문 또는 출입문에 직접 붙이거나 문자 · 도형 등을 목재 · 아크릴 · 금속재 등의 판이나 입체형으로 제작하여 창문 또는 출입문을 이용하여 표시하는 광고물

그림 3.23 전광류에 의한 침입광 및 글레어

전광류를 제외한 광고조명의 경우 일반적으로 LED를 많이 사용하는 플렉스형과 채널레터형의 휘도가 높고 침입광보다는 글레어에 의한 빛공해 발생이 대부분을 차지하고 있다. 그러나 전광류 광고조명의 경우 대부분 건물의 옥상 등에 설치되며 움직임을 가지는 광고형태로 주변 주거지역의 고층 아파트 등에 침입광을 유발하고 있고 전광판의 집중된 빛과 움직임으로 인해 운전자의 운전 시야를 방해하거나 순간적인 높은 글레어로 사고유발 등의 사회적 안전에도 영향을 미치고 있다.

광고조명 또한 환경부 「인공조명에 의한 빛공해 방지법」에서 다음 표 3.15와 같은 빛방사 허용기준을 정하고 있다.

표 3.15 광고조명의 빛방사 허용기준 [단위 : cd/m²]

조명환경 관리구역	주변지역의 밝기	광고조명 표면휘도 기준		토지용도(참고)
		일반 광고물 (최대값)	전광류광고물 (평균값)	
제1종	어두운 지역	50	400	자연환경 보전지역, 보전 자연녹지지역 등
제2종	낮은 밝기의 지역	400	800	농림지역, 생산녹지지역 등
제3종	중간 정도 밝기 지역	800	1,000	주거지역 등
제4종	높은 밝기 지역	1,000	1,500	상업지역 등

* 적용시간 : 일반 광고물(해진 후 60분~해뜨기 전 60분)
전광류 광고물(해진 후 60분~24:00)

맞은편 보행로 대상지역과의 이격거리 12m, 플렉스형

맞은편 보행로 대상지역과의 이격거리 36m, 채널레터형

맞은편 보행로 대상지역과의 이격거리 7m, 외부투광형

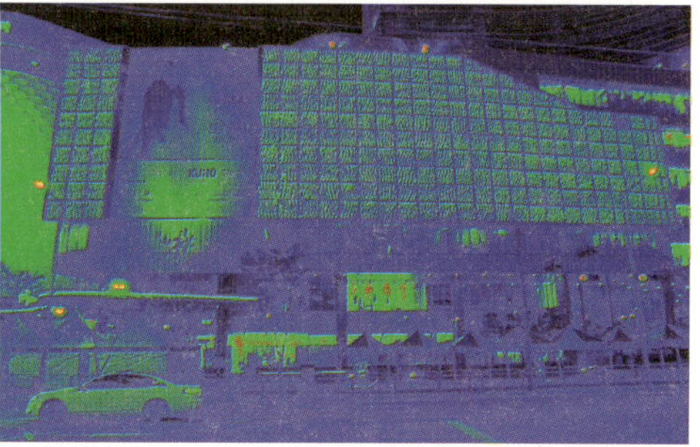

맞은편 보행로 대상지역과의 이격거리 15m, 전광류형

그림 3.24 광고조명의 형태별 휘도분포

4장 인공조명에 의한 빛공해 방지법

4.1 인공조명에 의한 빛공해 방지법 개요

4.1.1 제정 배경

일반적으로 인체나 생태계에 악영향을 미치는 것을 공해라고 한다. 그러나 그 악영향은 시대, 문화, 사회에 따라 다르게 평가될 수 있다. 지금까지 인공조명은 야간활동을 원활히 하게 하거나 즐거움을 주는 역할이 강조되어온 나머지 그 이면에 늘 존재해온 악영향이 크게 부각되지 않았다. 따라서 빛이 공해가 될 수 있음을 고려하지 않고 무분별하고 경쟁적으로 설치된 광고물이나 경관조명들을 주변에서 쉽게 발견할 수 있다. 산업화와 도시화가 진행되면서 우리의 도시는 밝고 화려한 조명과 광고물의 홍수, 경쟁적인 야간경관조성사업 등으로 필요 이상의 빛, 원치 않는 빛의 범람에 노출되어 있다. 이제 인공조명은 문화이자 생활환경이며 그 악영향은 공해로 규정되기에 이르렀다.

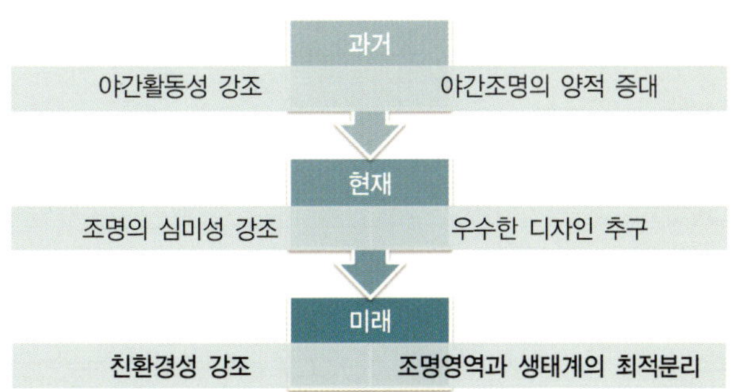

그림 4.1 야간조명 사용특성의 변화

18대 국회의원이었던 박영아 의원은 2009년 9월 「빛공해 방지법안」을 발의하였다. 무분별하게 설치된 조명에 의한 인체 및 생태계 피해를 예방하고 천체관측, 에너지절약, 지구온난화방지 등에 기여하기 위함이었다. 당시 국내에는 「옥외광고물 등 관리법」, 「도로안전시설 설치 및 관리지침」 등 조명기구에 관한 규정들은 있었으나, 조명기구가 유발할 수 있는 빛공해에 대해서는 고려되지 않았고, 광고물의 안전한 사용과 야간의 안전한 도로운전환경 확보에 관한 내용 등에 대해서만 규정하고 있었다.

국회에서 법안이 발의된 직후, 환경부에서는 국내 빛공해실태조사에 착수하고, 지자체와 국민들의 의견을 수렴하는 등 국내 빛공해 관리 여건을 진단하고 법률 제정 타당성을 검증하기 시작하였다.

환경부에서 2009년[1]과 2010년[2] 두 차례 실시한 실태조사에 의하면 45% 이상의 조명기구 밝기가 국제기준을 초과하였으며 상업지역, 주거지역, 자연생태보전지역 중 특히 주거지역의 기준초과율이 상대적으로 높게 조사되었다. 주요 빛공해 발생원을 살펴보면 밝게 점멸하는 네온사인, 주변을 고려하지 않고 설치된 가로등이나 보안등을 들 수 있다. 또한 새로운 조명방식 도입에 의해 오히려 빛공해를 발생시키는 경우로는 대형전광판, 미디어파사드, 루미나리에 등이 있다. 특히 전광판의 경우는 국제기준을 최대 5배 가량 초과하여 보행자, 운전자에게 눈부심을 일으킬 뿐 아니라 주변 주거지로의 침입광까지 유발하는 것으로 조사되었다.

실제로 자원순환사회연대에서 실시한 여론조사[3] 결과, 과도한 조명기구는 시민들에게 피해를 준다고 인식되고 있으며, 이를 막기 위한 제도적 관리가 필요하다는 것이 확인되었다. 지난 2010년 서울 및 6개 광역시의 시민 3,000여 명을 대상으로 빛공해에 대한 여론조사를 실시하였는데, 응답자의 64%가 과도한 인공조

---

1) 빛공해 관리방안 마련을 위한 실태조사 연구, 경희대학교(김정태 교수), 2009년
2) 빛공해 관련 조사 및 관리를 위한 가이드라인 개발, 단국대학교(김회서 교수), 2010년
3) 빛공해 인식 설문조사 및 분석, (사)자원순환사회연대, 2010년

명은 환경오염이 될 수 있다고 인식하고 있었으며 65%는 이를 관리하기 위해 법률 등 제도 마련이 필요하다고 응답하였다. 특히 숙박시설 등에 사용되는 야간조명이나 상가 광고물 등과 같은 화려한 조명은 국가 이미지에도 악영향을 미치는 것으로 인식되었는데, 70%가 나쁜 영향 또는 중진국 이미지를 나타낸다고 대답하였고 8% 정도만이 선진국의 상징으로 보인다고 응답하였다.

국내·외 빛공해관리 사례도 조사[4]하였다. 일본에서는 오카야마현에서 1989년 '광해 방지 조례'를 제정한 것을 시작으로 각 지자체가 빛공해 관련 조례를 운영하고 있으며, 미국에서는 2000년부터 시행된 '밤하늘보호법' 등 지방정부차원의 법령을 통해 빛공해를 관리하고 있다. 우리나라에서도 법률 제정 전인 2010년 7월에 서울시에서 '빛공해 방지 및 도시조명관리 조례'를 제정하고 그 시행규칙을 2011년 1월 제정하여 현재 시행중에 있다. 그리고 광주광역시에서도 '도시조명관리 및 빛공해 방지 조례'를 2011년 9월부터 시행하고 있다.

이와 같은 조사결과를 기초로 대국민 공청회와 이해관계자 간담회를 통하여 조명기구를 대규모로 사용하는 집단도 과도한 야간조명을 제도적으로 관리할 필요성에 동의함을 확인하고, 환경부는 2011년 2월 「인공조명에 의한 빛공해관리지침」을 제정하여 배포하게 되었다. 이는 법률 제정에 앞서 각 지자체와 국민들에게 정부의 빛공해관리 방향을 제시하기 위함이었으며, 조명환경관리구역을 지정하고 빛방사 허용기준을 적용하는 등 당시 국회에서 논의중이던 「빛공해 방지 법안」의 주요내용을 포함하고 있었다.

빛공해관리의 필요성에 대한 국민적 공감대가 형성되는 데는 그리 오랜 시간이 걸리지 않았으나 조례 및 지침이 아닌 법률을 제정하는 것은 과도한 규제이며 시기상조라는 우려가 많았다. 실제로도 대부분의 해외기준 또한 법률의 형태가 아닌 조례나 권고기준 형태로 운영되고 있었기 때문이다.

---

4) 빛공해 방지를 위한 법령 제도 연구, 한국법제연구원, 2011년

4.1.2 제정 과정

2009년 발의되어 국회에서 계류중이던 「빛공해 방지법안」은 2011년부터 본격적으로 상임위원회(환경노동위원회)에서 논의되기 시작하였다. 그 첫 번째 계기로 빛공해관리가 당시 저탄소녹색성장정책에 부합된다는 것이었다. 과도하게 낭비되는 빛을 억제하면 자연적으로 에너지가 절약되는데, 대략 40~50% 정도의 에너지가 절감되는 것으로 보고되었다. 두 번째 계기는 각 지자체의 필요에 의한 것이었다. 철새도래지임을 고려하지 않고 설치한 조명기구를 한 번도 켜보지 못한 채 철거되기도 했으며, 관광활성화를 위해 도심거리를 화려하게 장식했던 루미나리에 조명이 지역경제에 도움을 주지 못하고 오히려 전기세 등의 유지비가 과도하게 소요된다는 주장이 제기되었다. 이에 서울, 광주 등의 지자체는 「빛공해 방지법안」을 조속히 제정해 줄 것을 국회에 요구하고 법률이 제정되지 않은 상태에서 조례를 제정하기 시작하였다.

법안 검토과정에서 빛공해 관련 전문가, 환경부 및 각 지자체의 의견을 반영하여 당초 발의된 내용의 일부가 수정되었다. 먼저 법률 명칭을 「빛공해 방지법」에서 「인공조명에 의한 빛공해 방지법」으로 수정하였다. 자연광의 경우는 공해를 유발하더라도 책임을 부과하기 어렵기 때문이다. 처음에는 국내 전역을 조명환경관리구역으로 지정하여 빛방사 허용기준이라는 의무기준을 준수하도록 할 예정이었으나 각 지자체가 빛공해 발생 우려가 높은 구역을 지정하고 그 구역에 한해 기준이 적용되도록 하였다. 단, 조명환경관리구역 내에서도 국내·외 행사, 축제 또는 관광진흥 등을 목적으로 한시적으로 조명시설을 설치하는 경우에는 기준이 적용되지 않도록 예외규정을 추가하였다. 아울러 기존에 이미 설치된 조명기구에 대해서는 조명기구의 평균수명이 대략 4년 정도임을 고려하여 5년의 개선 유예기간을 부여하였다.

이와 같이 빛공해관리의 필요성에 대한 공감대를 바탕으로 현장여건을 반영한 수정 과정을 통해 빛공해 방지법안이 2011년 12월 국회를 통과하고 2012년 2월

1일자로 「인공조명에 의한 빛공해 방지법」이라는 이름의 법률이 공포되었다. 법률의 시행은 공포일로부터 1년 후, 즉 2013년 2월 2일부터로 규정되었다. 이에 따라 정부는 법률의 시행일자에 맞추어 하위법령 제정에 착수하였다. 하위법령에는 조명기구에 대한 규제의 범위와 수준이 담길 예정이었기 때문에 조명업계 등 많은 이해관계자가 관심을 가지고 있었다.

환경부는 법 제정 직후 지자체 공무원들을 대상으로 법률에 대한 설명과 하위법령 제정 방향에 대한 논의를 시작하였다. 당시에는 서울시를 제외하고는 빛공해 담당 직원조차 없었으며, 법률이 제정되었음에도 대다수의 공무원에게 빛공해는 아직 생소한 단어였다. 인체와 생태계 보호, 밤하늘 보호 및 에너지절약 등 빛공해관리의 필요성과 효과에는 이견이 없었으나 구체적으로 무엇을 어떻게 규제할 것인지에 대한 막연함과 자칫 밤거리가 너무 어두워져 국민들의 안전이 위협받게 되지는 않을지에 대한 우려도 많았다. 또한, 수 천만 개에 달할 것으로 예상되는 전국의 조명기구를 모두 관리하기에는 인력과 전문성, 그리고 장비 등이 부족한 현실적 제약 등의 문제점이 제기되기도 하였다.

이와 동시에 조명, 전기, 건축 등 관련 분야 전문가 간담회, 전문가 포럼, 공청회 등을 각각 수차례 개최하고 의견을 수렴하여 하위법령, 즉 「인공조명에 의한 빛공해 방지법 시행령」과 「인공조명에 의한 빛공해 방지법」 시행규칙 초안이 마련되었다.

하위법령을 제정하는 데는 전반적으로 적용된 몇 가지 원칙이 있었다. 첫째는 법률시행 초기임을 고려하여 규제 부담을 최소화하고 지자체의 관리기반이 미비한 점을 고려하여 집행절차를 단순·구체화시키는 것이었다. 둘째는 공공기관이 관리하는 조명이나 중대형 조명 위주로 관리대상을 지정하는 것이었으며, 셋째는 국제기준을 참고하되 국내 실태를 충분히 고려한 빛방사 허용기준을 설정하는 것이었다. 마지막으로 넷째는 조명환경관리구역 지정에 대해 지자체의 자율권을 충분히 보장하되 절차와 방향은 구체적으로 제시하는 것이었다.

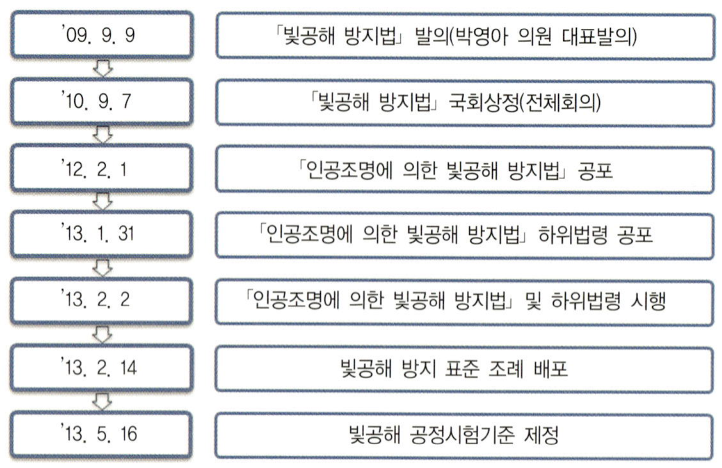

그림 4.2 「인공조명에 의한 빛공해 방지법」 제정 과정

이후 하위법령은 관계기관협의와 입법예고 등의 의견수렴 절차와 규제 심사, 법제처 심사 등의 심사과정을 거쳐 2013년 2월 2일 「인공조명에 의한 빛공해 방지법」과 함께 시행되었다. 단, 빛방사 허용기준이 적용되는 구역인 조명환경관리구역 지정에 최소 6개월의 기간이 필요하므로 빛방사 허용기준을 측정하는 공정시험기준은 확정된 하위법령 내용을 반영하여 2013년 5월 16일에 제정되었다.

4.1.3 법령 체계

형식적인 면에서 「인공조명에 의한 빛공해 방지법」은 총 5개 장과 18개 조로 구성되며, 구체적인 내용은 8개 조의 시행령과 10개 조의 시행규칙으로 이루어져 있다. 제1장과 제2장은 일반적인 다른 법률에서와 같이 정의, 책무, 국가 및 지자체의 계획 수립 등에 대해 규정되어 있다. 빛공해를 어떻게 관리하는지에 대해서는 주로 제3장에 포함되어 있으며, 제4장과 제5장 역시 다른 법률에서와 같이 일반적인 내용으로 이루어져 있다.

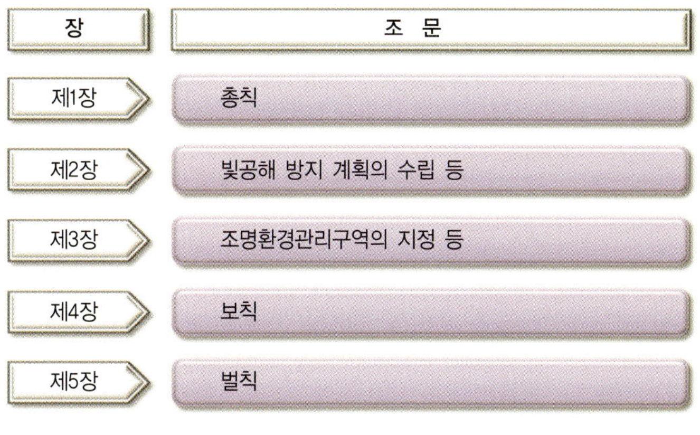

그림 4.3 법률 구조

내용적인 면에서 「인공조명에 의한 빛공해 방지법」은 시·도지사가 지정하는 조명환경관리구역에 한해 빛방사 허용기준을 적용하고 준수 여부를 검사·측정에 의해 사후에 확인하는 구조이다. 즉 빛공해 발생원을 설계 및 제작단계에서 관리하기보다는 설치된 조명기구의 빛방사 특성을 측정하여 빛공해 유발 여부를 판단하는 것이다. 사전적 규제는 측정비용, 개선비용 등 사회적 비용을 저감할 수 있으나 매우 다양한 조명기구의 종류를 획일적으로 규제하게 되어 각 조명기구의 고유목적을 달성하기 어려운 경우가 많다 반면, 사후 규제는 조명기구 설치자가 주변상황에 맞게 빛공해 피해를 주지 않는 범위 내에서 설치목적에 충분히 부합된 조명기구 설치를 유도할 수 있으나, 사전 규제에 비해 많은 측정비용이나 개선비용이 유발될 수 있다. 「인공조명에 의한 빛공해 방지법」은 이러한 사후관리 문제점을 보완하기 위해 법령의 적용대상을 모든 조명기구가 아니라 빛공해 유발 가능성이 높거나 공공기관이 관리하는 조명기구로 한정하고 있으며, 설치단계에서부터 빛공해 저감을 유도하도록 조명기구 설치·관리 기준을 고시하도록 하고 있다. 또한, 환경부는 제조단계에서도 빛공해가 저감될 수 있도록 빛공해 저감 조명기구를 개발하고 보급하는 사업도 추진 중에 있다.

「인공조명에 의한 빛공해 방지법」을 좀더 세부적으로 들여다보면, 전국을 조명환경관리구역인 곳과 아닌 곳으로 나눌 수 있다. 먼저 조명환경관리구역에는 환경부령으로 정하는 빛방사 허용기준이 적용되고 환경부 장관이 기술적·재정적 지원을 할 수 있다. 그리고 시·도지사는 조명환경관리구역에 대해 빛환경관리계획을 수립 및 시행하고 주민·환경에 대한 영향조사를 실시한다.

다음으로 조명환경관리구역이 아닌 구역을 포함한 전국에 대해서는 환경부 장관이 빛공해 방지 계획을 5년마다 수립하여 시행하는데, 이 계획에는 ① 빛공해 방지를 위한 분야별·단계별 대책, ② 빛공해 방지를 위한 관련 기술의 개발 촉진대책, ③ 빛공해로 인한 영향평가에 관한 사항, ④ 빛공해에 관한 교육·홍보대책, ⑤ 빛공해 방지 사업추진에 소요되는 비용 산정 및 재원 조달방안 등이 포함된다. 또한, 환경부 장관은 전국적으로 적용되는 조명기구 설치·관리 기준을 고시할 수 있다. 현재 「빛공해 방지를 위한 보안등 및 공원등 설치·관리 권고기준」이 2013년 12월 31일부터 시행되고 있으며, 향후 가로등과 광고조명등으로까지 확대·적용할 예정이다. 시·도지사는 조명환경관리구역이 아닌 구역을 포함한 관할지역의 빛공해 방지를 위해 시·도 빛공해 방지 계획을 5년마다 수립하여 시행하는데, 이 계획에는 ① 빛공해의 현황 및 향후 전망에 관한 사항, ② 시·도 빛공해 방지 계획의 목표 및 기본방향, ③ 빛공해 방지를 위한 분야별·단계별 대책, ④ 빛공해에 관한 교육·홍보 대책, ⑤ 관할 시·군·구별 시·도 빛공해 방지 계획의 시행 방안 등이 포함된다. 이밖에도 시·도지사는 관할지역의 빛환경이 주변지역에 미치는 환경상 영향을 평가하는 빛공해환경영향평가를 3년마다 실시하여야 한다. 빛공해환경영향평가에는 자연 및 생활환경현황, 토지이용현황 및 지역개발계획, 조명기구 설치·관리 및 빛공해현황 등 지역환경현황과 인공조명이 자연환경과 생활환경 등에 미치는 영향분석이 포함된다.

추가로 법령체계를 이해하는 데는 기존 조명기구와 신규 조명기구를 구분할 필요가 있다. 기존 조명기구는 조명환경관리구역 지정 전에 설치된 조명기구이며, 신규 조명기구는 조명환경관리구역 지정 후에 설치된 조명기구를 말한다. 부칙

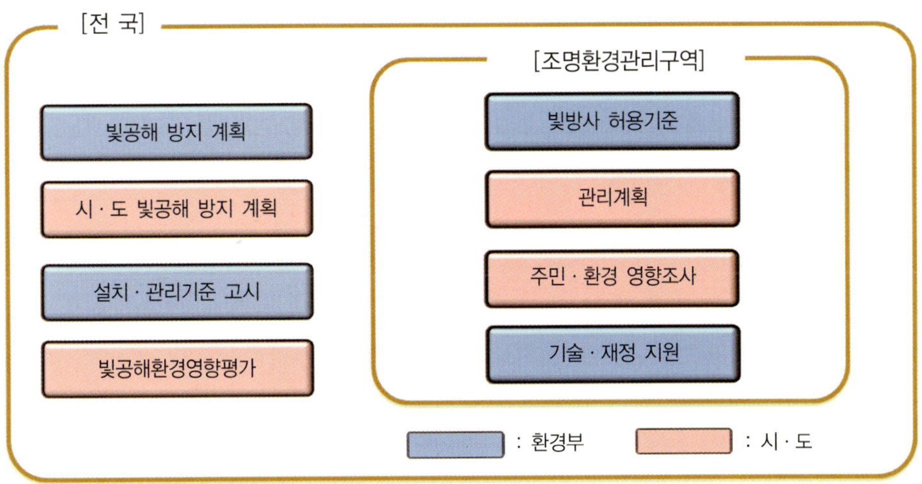

그림 4.4 법령에 따른 빛공해관리체계

제2조에 따르면 기존 조명기구에는 5년 간의 빛방사 허용기준 적용 유예기간이 부여되는데, 이는 현재 법령이 시행 중이라 하더라도 특정구역이 2014년 10월에 조명환경관리구역으로 지정되었다면, 신규 조명기구는 지정 직후 빛방사 허용기준의 적용을 받지만 기존 조명기구는 5년 후인 2019년 10월부터 기준 적용을 받게 됨을 의미한다.

4.2 인공조명에 의한 빛공해 방지법 주요내용

4.2.1 적용 대상

「인공조명에 의한 빛공해 방지법」이 제정되기 전에 이미 우리나라에는 수 천만 개의 조명기구가 설치되어 있었으나 그 설치현황이 파악되는 조명기구는 허가 및 신고 대상 광고물과 가로등 및 보안등처럼 공공기관이 관리하는 조명기구 정도에 불과하였다. 특히, 건축물이나 교량 또는 수목 등의 자연물을 장식하는 수많은 조명기구가 설치기준이나 신고절차 없이 사용되고 있었다. 이 모든 조명기구를 빛공해관리 대상으로 포함하기에는 막대한 사회적 비용이 소요되므로 빛공해 유발 우려가 큰 조명기구를 중심으로 효율적인 관리가 필요하였다. 따라서 조명기구들을 체계적으로 분류하고 그 종류별로 적용 대상을 규정하게 되었다.

조명기구는 조명방식, 광원의 종류, 설치 목적 등에 따라 다양하게 분류될 수 있다. 광원으로부터 빛을 받는 방식에 따라 직접조명과 간접조명이 있으며, 조명기구배치에 따라 점조명, 선조명, 면조명 등으로 분류된다. 광원의 종류에 따라서는 형광등, 백열등, LED 등으로 나뉜다. 「인공조명에 의한 빛공해 방지법」에서는 조명기구를 설치 목적에 따라 장식조명, 광고조명 및 공간조명으로 분류하고 있다. 장식조명과 광고조명은 장식과 광고를 목적으로 하며, 공간조명은 안전한 야간활동을 위해 특정공간을 비추는 조명기구를 말한다. 법령에 이 용어가 포함되지는 않았으나 이 분류방식에 따라 빛방사 허용기준과 빛공해 공정시험기준이 정해져 있으므로 체계적인 이해를 위해서는 반드시 주지할 필요가 있다.

조명기구 설치자, 사용자 및 빛공해 관련 전문가들의 충분한 논의 끝에 조명기구 종류별로 법의 적용대상이 정해졌다. 장식조명에는 숙박시설과 위락시설에 해당하는 건축물을 장식하는 모든 조명기구가 포함되었으며, 숙박 · 위락시설 외 건축물의 경우에는 연면적이 2천제곱미터 이상이거나 5층 이상인 건축물을 장식하는 조명기구가 포함되었다. 빛공해에 대한 시민인식조사(2010년 11월) 결과 숙박 · 위락시설의 장식조명은 국민들이 가장 큰 불편을 느끼는 빛공해 유발원이었으며, 이해관계자 간담회와 공청회 당시 관련업계에서도 과열된 광고경쟁이 주변환경에 피해를 줄 뿐 아니라 본인들에게도 경제적인 부담이 되므로 관리의 필요성에 동의하였다. 또한 교량을 장식하는 조명기구도 장식조명에 포함되었으며, 자연물이나 조형물을 장식하는 조명기구는 법령에 규정되어 있지 않지만 각 지자체에서 조례에 의해 관리대상에 추가할 수 있도록 하였다.

광고조명은 「옥외광고물 등 관리법」 제3조에 따라 허가를 받아야 하는 옥외광고물에 설치되는 조명기구로 한정하였다. 환경부는 허가대상뿐 아니라 신고 대상도 관리 대상에 포함시켜 「인공조명에 의한 빛공해관리지침」을 운영(2011년 2월부터)하였으나, 국민들이 기준에 맞게 광고물을 설치 또는 운영하기에는 아직 한계가 있는 실정임을 감안하여 허가 대상만 포함하였다. 특히, 법령에서는 광고조명을 일반 광고조명과 점멸 또는 동영상 변화가 있는 전광류광고물(발광다이오드, 액정표시장치 등 전자식 발광기구 또는 화면변환의 특성을 이용하여 표시내용이 수시로 변하는 문자 또는 모양을 나타내는 조명기구)로 구분하여 기준을 달리 적용하고 있다. 단, 안보와 안전을 보장하기 위해 의료시설, 위험물 저장 및 처리시설 또는 교정 및 군사시설에 설치된 옥외광고물은 적용 대상에서 제외되었다.

공간조명에는 ① 「도로법」 제2조 제1항 제1호에 따른 도로, ② 「보행안전 및 편의 증진에 관한 법률」 제2조 제1호에 따른 보행자길, ③ 「도시공원 및 녹지 등에 관한 법률」 제2조 제1호에 따른 공원녹지, ④ 그 밖에 시·도의 조례로 정하는 옥외공간을 비추는 조명기구가 포함되었다. 일반적으로 ①부터 ③을 비추는 조명기구는 각각 가로등, 보안등, 공원등이라고 불리는데, 이 조명기구의 대부분은 공공기관에서 관리하고 있어 장식조명이나 광고조명에서와 같이 규모를 따로 정하지 않고 적용 대상에 포함시켜 공공기관부터 빛공해관리에 앞장설 수 있도록 하였다. 또한 조례에 따라 적용 대상을 추가할 수 있도록 하였는데, 각 시·도에서는 민원발생 및 빛공해관리 여건에 따라 축구장, 야구장 등 옥외 체육시설과 주유소 등을 포함할 수 있다.

지금까지 「인공조명에 의한 빛공해 방지법」에서 말하는 조명기구 범위에 대해 설명하였는데, 이 조명기구의 범위가 빛방사 허용기준의 적용 대상과는 무엇이 다른지에 대해서도 짚어볼 필요가 있다. 빛방사 허용기준의 적용 대상은 ① 조명기구의 범위, ② 유예기간(경과조치), ③ 조명환경관리구역 지정 등을 종합적으로 고려하여 결정된다. 조명환경관리구역이 지정되면 구역 내 조명기구 중 신규 조명기구와 기존 조명기구 중 유예기간이 지난 조명기구가 빛방사 허용기준의 적용대상이 되는 것이다.

4.2.2 조명환경관리구역

조명환경관리구역이란 시·도지사가 빛공해의 발생원(조명기구)과 수용체(인체 및 생태계) 현황을 고려할 때 빛공해가 발생하거나 발생할 우려가 있어 제1종부터 제4종까지 고시하는 구역이다. 조명환경관리구역은 각 구역을 특성에 맞게 차등적으로 관리하기 위함이며 구역마다 빛방사 허용기준이 다르게 적용된다. 예를 들어 갑, 을, 병이 서로 다른 장소에서 숙박업을 시작하려고 하는데, 갑과 을의 업소 예정지가 제3종 조명환경관리구역과 제4종 조명환경관리구역에 속하고 병의 업소 예정지는 조명환경관리구역으로 지정되지 않았다고 하자. 이 경우 갑, 을, 병의 조명기구 사용목적이 같더라도 갑은 을보다 엄격한 기준을 준수하여야 하며 병은 기준을 준수할 의무가 없다. 따라서 조명환경관리구역의 지정 여부와 종별 구분은 경우에 따라 형평성 문제를 야기할 수도 있기 때문에 객관적인 현황조사, 충분한 의견수렴 등 공정한 절차를 거쳐야 한다.

표 4.1 조명환경관리구역 구분

구 분	구 역 특 성
제1종	과도한 인공조명이 자연환경에 부정적인 영향을 미치거나 미칠 우려가 있는 구역
제2종	과도한 인공조명이 농림수산업의 영위 및 동·식물의 생장에 부정적인 영향을 미치거나 미칠 우려가 있는 구역
제3종	국민의 안전과 편의를 위하여 인공조명이 필요한 구역으로, 과도한 인공조명이 국민의 주거생활에 부정적인 영향을 미치거나 미칠 우려가 있는 구역
제4종	상업활동을 위하여 일정 수준 이상의 인공조명이 필요한 구역으로, 과도한 인공조명이 국민의 쾌적하고 건강한 생활에 부정적인 영향을 미치거나 미칠 우려가 있는 구역

시 · 도지사는 먼저 지역의 빛공해관리 목표와 방향을 설정하고 지역주민과 환경에 대한 영향조사를 실시한다. 그리고 용도지역, 토지이용현황, 생태 · 경관보전지역 및 야생생물 특별보호구역 등을 고려하여 조명환경관리구역 지정 계획서를 작성한다. 계획서에는 지정 대상 구역의 위치, 면적 등이 표기되고 자세한 도면도 포함되는데, 시 · 도지사는 이에 대한 시장 · 군수 · 구청장과 지역주민의 의견을 수렴한다. 다음으로 빛공해 방지 지역위원회의 심의를 거쳐 조명환경관리구역이 지정되고 고시된다. 여건변화에 따라 조명환경관리구역의 지정을 해제하거나 이미 지정된 조명환경관리구역을 다른 종류로 변경할 수도 있다. 이때 시 · 도지사는 지역주민과 환경에 대한 영향조사, 의견수렴 및 지역위원회 심의 등 조명환경관리구역을 지정할 때와 유사한 절차를 거쳐야 한다.

조명환경관리구역으로 지정된 구역에 대해 환경부 장관과 시 · 도지사는 지원정책과 관리계획을 각각 시행하게 된다. 먼저 환경부 장관은 빛공해 발생이 심각한 구역의 조명기구 개선사업("좋은빛환경조성사업")을 시행하거나 빛공해 저감 조명기구를 개발하고 보급하는 등 조명환경관리구역의 환경친화적인 관리 · 개선을 위하여 기술적 · 재정적 지원을 할 수 있다. 또한, 시 · 도지사는 조명환경관리구역이 빛환경을 친환경적으로 관리하기 위한 계획, 즉 빛환경관리 계획을 수립하고 시행하게 된다. 이 계획에는 ① 조명환경관리구역의 빛환경관리 목표 및 기본방향, ② 조명환경관리구역의 현황 및 빛공해 실태, ③ 조명기구에 대한 친환경적 관리방안, ④ 기술적 · 재정적 지원 방안 등이 포함된다.

많은 사람이 「인공조명에 의한 빛공해 방지법」이 시행되었음에도 왜 아직도 빛공해 유발 조명기구들이 버젓이 사용되고 있으며, 제대로 단속이 이루어지지 않고 있는지에 대해 의아해할 것이다. 그 이유는 대부분의 지자체가 아직 조명환경관리구역을 지정하지 않아 빛방사 허용기준이 의무적으로 적용되고 있지 않기 때문이다. 지자체는 조명환경관리구역 지정 절차 중 '지역주민과 환경에 대한 영향조사'에 가장 큰 어려움을 겪고 있다. 이 영향조사에 대해서는 법 제9조 제3항에

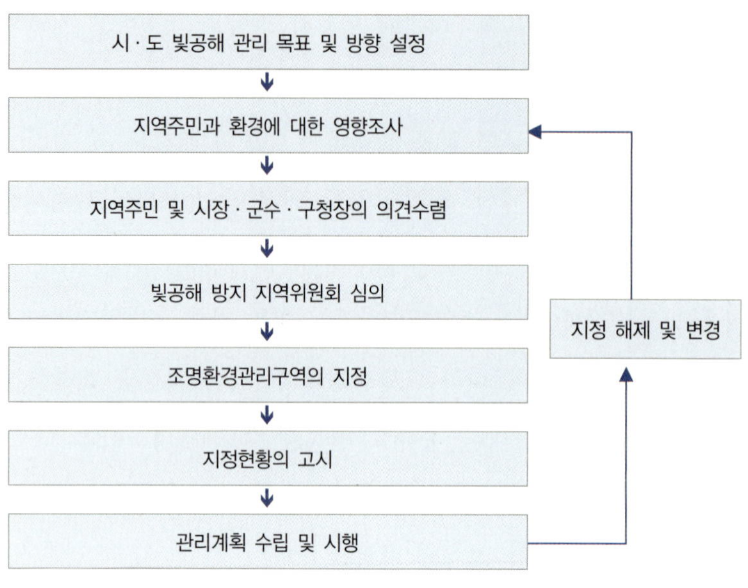

그림 4.5 조명환경관리구역 지정 절차

직접 규정되어 있을 뿐만 아니라 시행규칙 제3조 제1호에서는 빛공해환경영향평가 결과를 고려하여 조명환경관리구역을 지정하도록 명시하고 있다. 따라서 각 지자체는 빛공해환경영향평가에 '지역주민과 환경에 대한 영향조사'를 포함시켜 수행하고자 하지만 법령 시행시기에 맞춰 관련 예산을 확보하기 어렵고 기간 또한 6개월 이상이 소요되고 있다. 현재 서울, 부산 등 대도시를 시작으로 빛공해환경영향평가가 진행 중이며, 환경부는 각 지자체가 적기에 평가를 수행할 수 있도록 지원방안을 마련중이다.

4.2.3 빛방사 허용기준

법령의 여러 내용 중 빛방사 허용기준을 설정하기 위해 많은 전문가가 연구 활동을 하였으며, 이해관계자들은 치열한 논의를 하였다. 맨 처음으로 고민해야했던 것은 광도, 휘도, 조도, 상향광속비, 점·소등 시간 등 빛공해를 관리하기 위한 여러 수단 중 어떤 요소를 선택하느냐에 관한 것이었다. 「인공조명에 의한 빛공해

그림 4.6 빛공해 관리 메커니즘

방지법」 제2조에서는 빛공해 유발원으로 과도한 빛과 비추고자 하는 조명영역 밖으로 누출되는 빛을 규정하고 있다. 인공조명을 남용하게 되면 과도한 빛을 만들고 눈부심을 유발하게 되는데, 이는 빛의 밝기를 관리하여 억제될 수 있으며 그 지표로는 표면휘도가 있다. 그리고 인공조명을 오용하게 되면 새는 빛이 생기고 이는 침입광을 유발하게 되는데, 침입광은 조명영역을 관리하여 억제할 수 있으며 그 지표로 조도가 있다. 따라서 빛방사 허용기준은 표면휘도와 조도에 관한 기준으로 이루어지게 되었고 광도, 상향광속비, 점·소등 시간 등도 검토되었으나 빛공해 표현성, 현장측정 가능성 등이 낮아 빛방사 허용기준에 포함되지 못했다.

빛방사 허용기준의 지표인 표면휘도와 조도기준은 해외 기준을 검토하고 국내 빛공해 실태 및 관리 여건을 분석하여 초안이 만들어졌으며, 이해관계자들의 의견을 수렴하여 결정되었다. 실태조사에 따르면 국제조명위원회(CIE)에서 규정한 빛공해기준을 국내에 적용할 경우, 45% 이상의 조명기구가 기준을 초과하는 것으로 조사되었다. 따라서 환경부 지침과 서울시 조례 운영 결과를 바탕으로 추가 조사·연구를 통하여 국내 실정에 맞게 표 4.2 및 표 4.3과 같이 빛방사 허용기준을 마련하였으며 이 기준을 적용할 경우, 약 21%의 조명기구가 기준을 초과하는 것으로 나타났다.[5)]

5) 조명기구별 휘도 및 조도 실태조사, 국립환경과학원, 2012년

표 4.2 빛방사 허용기준(표면휘도) [단위 : cd/m²]

구분 / 조명기구	적용시간	기준값	조명환경관리구역			
			1종	2종	3종	4종
장식조명	일몰 후 60분 ~일출 전 60분	평균값	5		15	25
		최대값	20	60	180	300
일반 광고조명	일몰 후 60분 ~일출 전 60분	최대값	50	400	800	1000
점멸 · 동영상 전광류 광고물	일몰 후 60분~24 : 00	평균값	400	800	1000	1500
	24 : 00~일출 전 60분		50	400	800	1000

표 4.3 빛방사 허용기준(조도) [단위 : lx = lm/m²]

구분 / 조명기구	적용시간	기준값	조명환경관리구역			
			1종	2종	3종	4종
점멸 · 동영상 전광류 광고물	일몰 후 60분 ~일출 전 60분	최대값	10			25
공간조명						

빛방사 허용기준은 국제기준과 비교하여 크게 3가지의 차이점이 있다. 첫 번째는 국내에 전광판 형태의 광고물 보급이 확산되고 있는 상황을 반영하여 일반 광고조명과 다른 기준을 적용하였다. 표면휘도는 밤 12시 이전에 한해 일반 광고조명기준보다 다소 완화 적용하고 주변 주거지에의 침입광을 예방하기 위해 조도기준도 동시에 적용되도록 하였다. 두 번째 차이점은 장식조명의 표면휘도 기준에 최대값과 평균값을 동시에 적용한 것이다. 당초에는 일반 광고조명과 같이 최대값 기준만 국제기준 수준으로 강하게 적용하는 방안이 검토되었으나, 실태조사 및 관련업계 의견을 반영하여 최대값 기준을 완화하는 한편 건축물이나 시설물의 벽면 전체에 조명기구를 설치하는 형태로 유발하는 빛공해를 방지하기 위해 평균

값 기준도 적용하게 되었다. 마지막으로, 국제기준과 달리 제1종 조명환경관리구역에서도 장식이나 광고조명을 사용할 수 있도록 하였다. 국제기준의 경우 휘도 기준이 0인 경우가 많은데, 이는 조명기구를 전혀 사용할 수 없음을 의미하는데, 국내에서는 제1종 조명환경관리구역에서도 일부 장식이나 광고조명을 사용할 수 있으므로 가장 강한 기준을 적용하여 주변 피해를 최소화하는 범위 내에서 사용할 수 있도록 하였다.

2012년 2월 제정된 빛방사 허용기준은 향후 두 가지 부분에서 보완될 필요가 있다. 먼저, 기준 제정 당시 빛공해에 의한 환경보건학적 피해를 정량적으로 규명한 연구가 부족하여 이 부분이 충분히 반영되지 못한 것이다. 환경부는 2012년 6월 빛공해 위해성 평가기법 개발을 위한 연구개발 사업에 착수하였으며, 각 지자체는 빛공해환경영향평가를 진행하고 있으므로 관련 연구결과를 분석하여 기준에 반영하는 것이 필요할 것이다. 다음은 빛공해로 인한 생태계 피해를 예방하기에는 부족한 점이다. 생태계 피해는 조명영역을 관리하여 침입광을 억제함으로써 예방할 수 있는데, 표 4.4와 같이 밝기 관리기준은 보행자와 운전자를 보호할 목적으로 제정되었으며 영역 관리기준은 거주자를 보호할 목적으로 제정되었다. 이에 따라 「인공조명에 의한 빛공해 방지법」 시행규칙 별표에는 조도 기준이 주거지 연직면조도로 한정되어 있고 조명환경관리구역 제1종부터 제3종까지 같은 기준이 적용되며 측정위치 또한 단독주택이나 공동주택의 창면이라고 규정되어 있다. 향후 조사·연구사업과 국민적 공감대를 바탕으로 생태계 피해 예방 기준을

표 4.4 밝기 및 영영관리에 따른 보호대상

구분	적용대상	빛방사 특성	보호대상
밝기	• 장식조명 • 광고조명	표면휘도	• 운전자 • 보행자
영역	• 전광류 광고물(동영상 · 점멸) • 공간조명	연직면조도	• 거주자

정립할 필요가 있다.

법령에서는 시·도지사가 상황에 따라 기준을 강화 또는 적용에 제외할 수 있도록 함으로써 빛방사 허용기준을 현장에서 보완·집행이 가능하도록 규정하고 있다. 시·도지사는 철새 도래지 또는 천문관측시설 주변지역에 대해서는 빛공해방지 지역위원회의 심의를 거쳐 기준을 강하게 변경·적용할 수 있으며, 국내·외 행사, 축제 또는 관광진흥 등을 목적으로 한정된 기간 동안 조명시설을 설치하는 경우에는 기준 적용을 제외시킬 수 있다.

빛방사 허용기준은 교통 신호와 같이, 관리주체별로는 준수하는 데 있어 불편함이 있을 수 있지만 준수할 경우 사회적인 편익은 분명 크다. 다만, 우리나라는 야간 옥외활동이 다소 활발한 편인 점을 감안하여 국민생활과 경제활동에 부담이 되지 않는 범위 내에서 운영된다면 정온하고 쾌적한 야간환경 조성의 길잡이가 될 것이다.

5장 빛공해 측정기술 및 방법

5.1 빛공해 측정기술

빛공해 측정방법은 크게 두 가지로 구분하여 나눌 수 있다. 첫 번째 방법은 주관적 방법으로 우리 인간의 눈(目)을 이용하여 빛의 밝기를 감지하는 것이다. 우리의 시각기관은 우수한 측정기라고 할 수 있으므로 눈으로도 대략적인 빛공해 유발 광원의 밝기를 인지하고 측정 대상(빛공해 유발 광원) 및 피해 지점을 정할 수 있다.

두 번째 방법은 객관적인 방법으로 측정기기를 사용하는 것이다. 빛공해 유발 광원에 의한 조도 또는 휘도를 측정할 때는 조사대상 광원의 종류 및 배치, 조명 특성(깜빡임 등), 주변환경(가로수의 빛차광, 건물 유리면에 의한 빛반사), 차량 불빛 등 일시적인 광원에 의한 빛 영향, 날씨(안개, 비, 눈 등) 등을 종합적으로 고려하여 측정한다. 따라서 빛공해 평가는 먼저 눈으로 측정 대상 광원 및 피해 지점을 관찰하여 빛공해 피해 발생 가능성을 검토하여 측정 대상을 선정하고, 측정기기를 사용하여 측정 대상 광원에 의한 조도 또는 휘도 크기를 객관적으로 측정하여 빛공해 여부를 평가하는 과정으로 이루어진다.

5.1.1 빛공해 측정 대상 및 단위

「인공조명에 의한 빛공해 방지법」에서는 관리 대상 조명을 크게 공간조명, 장식조명, 일반 광고조명 및 점멸·동영상 변화가 있는 전광류 광고물로 구분하고 있으며 빛공해 공정시험기준(환경부 고시 제2013-48호)에서도 측정 대상 조명을 공간조명, 장식조명, 일반 광고조명 및 점멸·동영상 변화가 있는 전광류 광고물로 구분하여 측정방법을 규정하고 있다. 측정단위로는 조도(lx, 럭스)와 휘도(cd/m²)가 있으며 조도는 빛이 도달하는 지점, 즉 빛공해 피해를 받는 자가 거주하는 곳에서 빛공해 피해 정도를 평가하기 위한 단위이고 휘도는 빛공해를 유발하는 광원의 빛공해 유발 정도를 평가하기 위한 단위이다. 「인공조명에 의한 빛공해 방지법」에서는 시행규칙 별표 빛방사 허용기준에 '주거지 연직면조도'와 '발광표면 휘도' 두 가지로 기준을 규정하고 있으며, 가로등, 보안등, 공원등처럼 공공장소에 설치되는 공간조명과 전광류 광고물(점멸 또는 동영상 변화 수반)에 대해서는 '주거지 연직면조도' 기준을 적용하고 장식조명, 광고조명, 전광류 광고물(점멸 또는 동영상 변화 수반)에 대해서는 '발광표면 휘도' 기준을 적용하고 있다. 이는 법에서 공간조명은 조명영역으로 장식조명과 광고조명은 광원의 밝기로 전광류 광고물은 조명영역 및 광원의 밝기로 관리하고자 함을 의미하기도 한다.

5.1.2 빛공해 측정기기

빛공해 측정기기는 조도계와 휘도계가 있으며 휘도계는 점휘도계와 면휘도계로 구분된다. 조도계는 주거지 연직면조도를 측정하는 데 사용되는 측정기기로 KS C 1601(조도계) 규격의 정밀급 및 일반형 AA급 규격에 적합한 것 또는 이와 동등 이상의 규격에 적합한 것으로 국가 또는 국가에서 지정하는 기관에서 검정을 필한 것이어야 한다. 따라서 사용 가능한 조도계는 정밀급 조도계 및 일반형 AA급 조도계이며, 기본 구조는 그림 5.1과 같이 빛을 받아들이는 수광부와 측정값을 표시하는 표시부로 구성된다.

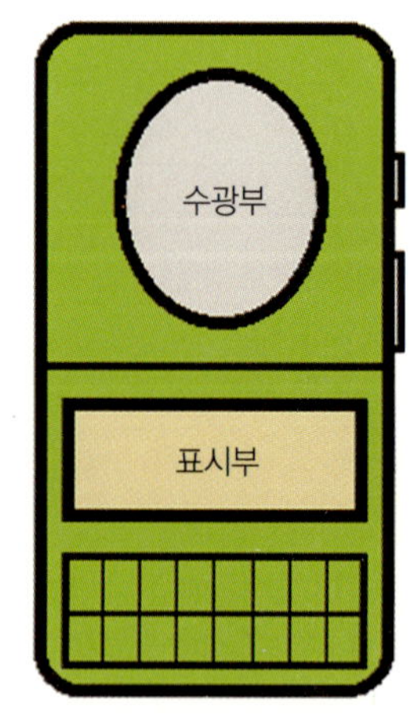

그림 5.1 조도계의 구성도

조도계 성능에 있어 정확도는 KS C 7521에 규정하는 광도표준 전구에 대한 조도측정 오차가 정밀급의 경우 표시값의 ±3%, 일반형 AA급의 경우 표시값의 ±4% 이내이어야 하며, 입사광 특성은 수광면의 법선방향 입사각도를 0°로 하고 표 5.1의 경사입사 각도에 따른 조도측정 오차가 표 5.1에 나타낸 값 이내이어야 한다. 또한, 다양한 색온도 광원에 의해 유발되는 빛공해 측정이 가능하기 위하여 가시영역 상대분광 응답도 특성도 표 5.2에 나타낸 오차범위 이내이어야 하며, 지시계기의 반응속도는 자동 및 수동 레인지 변환인 경우에 대해 각각의 응답시간은 5초, 2초 이하이어야 한다.

표 5.1 경사입사광 특성

경사입사의 각도 °(도)	정밀급(%)	일반형 AA급(%)
10	±1	±1
20	±1.5	기준값 없음
30	±2	±2
40	±3	기준값 없음
50	±4	기준값 없음
60	±5	±7
70	±8	기준값 없음
80	±20	±25

표 5.2 가시영역 상대분광 응답도 특성[표준분광 시감효율로부터 벗어남]

구분	정밀급(%)	일반형 AA급(%)
f_s(표준분광 시감효율로부터 벗어난 정도)[1]	4	8

1) f_s는 KS C 1601(조도계) 6.4에 따라 시험했을 때 표준분광 시감효율로부터 벗어난 정도(%)

점휘도계는 발광표면 휘도 최대값을 측정하는 데 사용되는 측정기기로 측정각은 최소 $\frac{1}{3}$°까지 측정할 수 있어야 하고 정확도는 CIE 표준광원 A에 대하여 측정 오차가 표시값의 ±3% 이내이어야 한다. 측정범위는 「인공조명에 의한 빛공해 방지법」 시행규칙 별표 빛방사 허용기준의 점휘도 최대값(최대 1,000 cd/m²) 크기를 고려하여 최소 2배 이상 측정 가능해야 하며, 이에 따라 2,500 cd/m²까지 측정할 수 있거나 동등 성능 이상이어야 한다.

면휘도계는 발광표면 휘도 최대값 또는 평균값을 측정하는 데 사용되는 측정기기로 정확도는 CIE 표준광원 A에 대하여 측정 오차가 표시값의 ±3% 이내이어야 한다. 측정범위는 「인공조명에 의한 빛공해 방지법」 시행규칙 별표 빛방사 허용기준의 면휘도 평균값(최대 1,500 cd/m²) 크기를 고려하여 최소 2배 이상 측정 가능해야 하며, 이에 따라 3,500 cd/m²까지 측정할 수 있거나 동등 성능 이상이어야 한다.

5.1.3 측정오차를 줄이기 위한 사전 점검

조도 또는 휘도와 같은 빛측정은 주변의 빛환경에 따라 측정값에 영향을 받으므로 환경에 의한 측정오차를 줄이기 위하여 다음 표 5.3과 같은 '체크리스트'를 측정 전에 점검하여야 한다. 점검결과 1개 이상의 항목에서 X(부적절) 점검결과가 나타났을 때에는 측정해서는 안 되며, 해당 항목의 '부적절' 점검사항은 개선 후 측정을 시작해야 한다.

표 5.3 빛공해 측정을 위한 사전 점검 체크리스트

번호	사전 점검 사항	점검 결과(O, X)
1	안개가 끼거나 비 · 눈 등이 오고 있는 경우 측정해서는 안 된다.	O
2	차량 불빛 등 일시적 광원에 의한 빛 영향이 있는 경우 측정해서는 안 된다.	O
3	광원 점등 이후 일정시간(최소 30분 이상) 경과 후 정상상태에서 측정해야 한다.	O
4	측정 대상 조명이 일상적인 작동상태에서 정상적으로 가동할 때 측정해야 한다.(조광기를 이용하여 일시적으로 밝기를 낮추면 안 됨)	O
5	조도 측정 시 조도계는 주택 창면 외부 측정면에 밀착하여 조도 측정 방향을 주택 창면 바깥쪽 연직면 방향으로 향해야 한다.	O
6	조도 측정 시 측정자는 가급적 반사광의 영향을 최소화할 수 있는 검은색 계통의 옷을 입어야 한다.	O
7	조도 측정 시 조도계는 측정자 몸으로부터 0.5 m 이상 떨어져야 한다.	O
8	휘도 측정 시 휘도계 측정 방향은 측정 대상 조명을 향하도록 해야 한다.	O
9	휘도계는 반드시 측정 위치(측정지점)에 지지장치(삼각대 등)를 설치하여 사용하여야 한다.	O

5.2 빛공해 측정방법

5.2.1 주거지 연직면조도 측정방법

주거지 연직면조도 측정방법은 가로등, 보안등, 공원등과 같은 공간조명 또는 점멸 · 동영상 변화가 있는 전광류 광고물에 의해 침입광이 발생하였을 때 주택 창면으로 들어오는 침입광의 크기를 측정하는 방법이다. 옥외측정을 원칙으로 하며 측정시간 및 지점은 침입광 피해가 예상되는 시간대에 주택 창면 연직면조도가

그림 5.2 주거지 연직면조도 측정 지점(침입광 발생) 선정

가장 높을 것으로 예상되는 측정지점을 2지점 이상 선정하여 창문 밖 창면에서 연직면 방향의 조도를 측정한다. 이때 측정값 중 가장 큰 값을 측정조도로 한다.

「인공조명에 의한 빛공해 방지법」 시행규칙 별표의 '빛방사 허용기준'은 한 개의 광원에 의해 유발되는 조도 또는 휘도에 대한 규제 기준으로 주변의 타 광원에 의해 조도 또는 휘도 측정값에 영향이 있으면 이를 보정해야 한다. 특히 조도는 수광점에 들어오는 빛의 양을 측정하기 때문에 주변에 다른 공간조명, 광고조명, 장식조명 등이 혼재하거나 여러 대의 옥외조명이 설치되어 빛을 비추는 경우 측정값에 큰 영향을 받는다. 따라서 '주거지 연직면조도' 측정시에는 반드시 주변 조명환경에 의해 유발되는 배경조도를 측정하여 보정해야 하며, 배경조도는 측정점과 동일한 장소 및 시간대에 대상 조명을 소등한 상태에서 측정하는 것을 원칙으로 하고 있다. 단, 대상 조명이 도로조명인 경우처럼 소등시 사고유발 위험 등으로 인해 소등이 어렵다고 판단되는 경우에는 검은색 및 붉은색 계열의 2중

천으로 구성된 암막천 등을 이용하여 대상 조명의 빛을 차단한 후 배경조도를 측정할 수 있다. 배경조도 보정은 다음의 식(1)과 같이 측정조도에 배경조도를 산술적으로 빼주어 보정하며 이러한 절차에 따라 대상 조도가 산출된다.

대상 조도 = 측정조도 − 배경조도 .... (1)

이렇듯 산출된 대상조도는 측정 대상 조명에 의해 측정지점(주택 창면)에 유발되는 조도를 나타내며, 식(1)에 의해 산출된 대상 조도에는 측정장비(조도계)가 갖고 있는 오차와 측정환경에 의한 오차가 내포되어 있다. 따라서 '주거지 연직면조도' 측정 결과의 빛방사 허용기준 초과 여부 평가는 측정장비 및 환경에 의한 오차를 고려하여 평가해야 한다. 이에 따라 식(2)와 같이 대상조도에 조도보정값(0.9)을 곱해주어 측정장비 및 환경에 의한 오차를 보정하며 이러한 절차에 따라 평가조도가 산출된다. 조도보정값 '0.9'는 측정장비 및 환경에 의한 오차를 최대 10% 수준으로 하여 도출된 보정값으로 대상 조도를 10% 감하여 빛방사 허용기준 초과 여부를 평가하도록 하기 위한 수치이다.

평가조도 = 대상조도 × 조도보정값(0.9) .... (2)

'주거지 연직면조도' 측정자료 분석 시 조도 계산과정에서의 유효숫자는 소수점 이하 첫째자리까지로 하며 최종 평가조도는 「인공조명에 의한 빛공해 방지법」 시행규칙 별표 제1호 및 제2호 가목의 주거지 연직면조도 기준값과 비교하여 기준 초과 여부를 평가한다. 이때 빛방사 허용기준의 조명환경관리구역(제1종~제4종) 구분은 측정 대상 조명기구가 설치되어 있는 지점의 조명환경관리구역(지자체 지정)을 기준으로 적용한다. 즉 침입광 발생 지점(주거지 연직면조도 측정지점)이 제3종 조명환경관리구역이고 침입광 유발 공간조명 설치지점이 제4종 조명환경관리구역인 경우 빛방사 허용기준은 제4종 조명환경관리구역 기준값(25 lx)으로 적용된다. 다음의 표 5.4는 「인공조명에 의한 빛공해 방지법」 시행규칙 별표 제1호 및 제2호 가목의 주거지 연직면조도 기준을 나타낸다.

표 5.4 공간조명 및 전광류 광고물에 대한 주거지 연직면조도 기준

구분 / 대상 조명	적용시간	기준값	조명환경관리구역				단위
			제1종	제2종	제3종	제4종	
공간조명, 점멸 또는 동영상 변화가 있는 전광류 광고물	해진 후 60분 ~ 해뜨기 전 60분	최대값	10 이하			25 이하	lx (lm/㎡)

이러한 일련의 '주거지 연직면조도' 측정절차는 다음 표 5.5와 같다.

표 5.5 주거지 연직면조도 측정절차

번호	절차	측정 및 계산 결과	비고
1	 측정준비(측정지점 선정)	준비	침입광 피해가 예상되는 시간대에 주택 창면 연직면조도가 가장 높을 것으로 예상되는 측정지점을 2지점 이상 선정
2	 조도 측정	14.3 lx (측정조도)	창문 밖 창면에서 연직면 방향의 조도 측정 ※ 측정값 중 가장 큰 값을 측정조도로 함
3	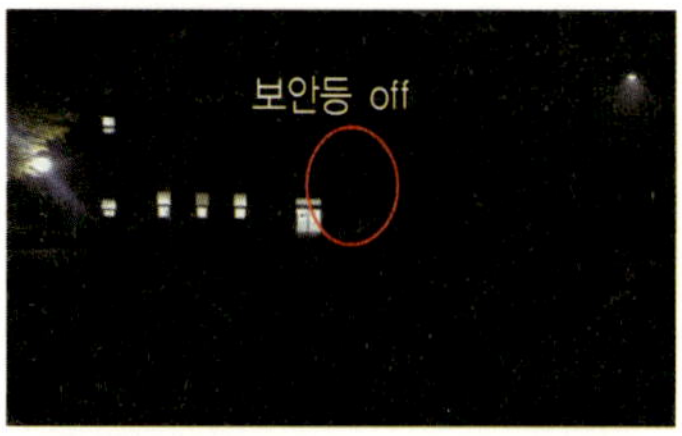 보안등 off 배경조도 측정	0.7 lx (배경조도)	측정점과 동일한 장소 및 시간대에 대상 조명을 소등한 상태에서 조도 측정 ※ 소등이 어렵다고 판단되는 경우 암막천 등을 이용하여 대상 조명의 빛 차단 후 배경조도 측정
4	대상 조도 산정	13.6 lx	대상조도 = 측정조도 − 배경조도
5	평가조도 산정	12.2 lx	평가조도 = 대상 조도×0.9(조도보정값)
6	빛방사 허용기준 초과 여부 평가	기준초과	주거지 연직면조도 기준 : 10 lx(제3종, 주거지역)

5.2.2 장식조명의 발광표면 휘도 측정방법

장식조명 발광표면 휘도 측정방법은 건축물 및 시설물, 조형물, 숙박시설 및 위락시설 등을 장식할 목적으로 설치되는 조명을 측정 대상으로 하며 휘도 최대값 측정방법 및 평균값 측정방법 두 가지가 있다. 여기서 휘도 최대값은 발광표면 중 가장 밝을 것으로 예상되는 지점의 휘도를 나타내고 휘도 평균값은 발광표면의 평균 휘도를 나타낸다.

1) 측정위치(측정지점) 선정

장식조명은 건축물 및 시설물 등에 많이 설치되며 장식조명이 건물의 높은 위치에 설치된 경우 지면에서 휘도를 측정하게 되면 측정방향이 측정 대상 조명의 설치방향과 다르게 되어 실제값보다 작게 측정되는 경향이 있다. 따라서 측정위치(측정지점)는 장식조명 설치 높이 및 방향을 고려하여 가급적 장식조명 전방에서 측정되도록 선정해야 한다. 다음 표 5.6은 장식조명의 측정각도 변화에 따른 휘도 평균값 변화 예시를 나타낸다.

그림 5.3 장식조명(서울 강남구 청담동)

표 5.6 측정각도 변화에 따른 휘도 최대값 측정결과 변화(예시)

측정위치 (측정지점)	측정각(°)	측정거리(m)	휘도 평균값(cd/㎡)	기준값과의 차이 비율(%)
1	10	156.0	149.7	-4.9
2	20	75.6	157.4	0.0
3	30	47.6	157.4(기준값)	0.0
4	40	32.8	156.1	-0.8
5	45	27.5	154.2	-2.0
6	50	23.1	153.0	-2.8
7	60	15.9	144.6	-8.1

위의 측정각도 변화에 따른 휘도 평균값 변화 예시로부터 알 수 있듯이 측정기기가 측정지점에서 측정 대상물 중심을 바라보는 직선과 수평면이 이루는 각이 일정각도(60 °) 이상 커지면 휘도 측정값이 감소하는데, 이는 측정방향 변화에 의한 오차에 기인한다. 이러한 오차를 줄이기 위하여 그림 5.4와 같이 장식조명 설치 높이를 고려하여 측정자가 측정지점에서 측정대상물 중심을 바라보는 직선과

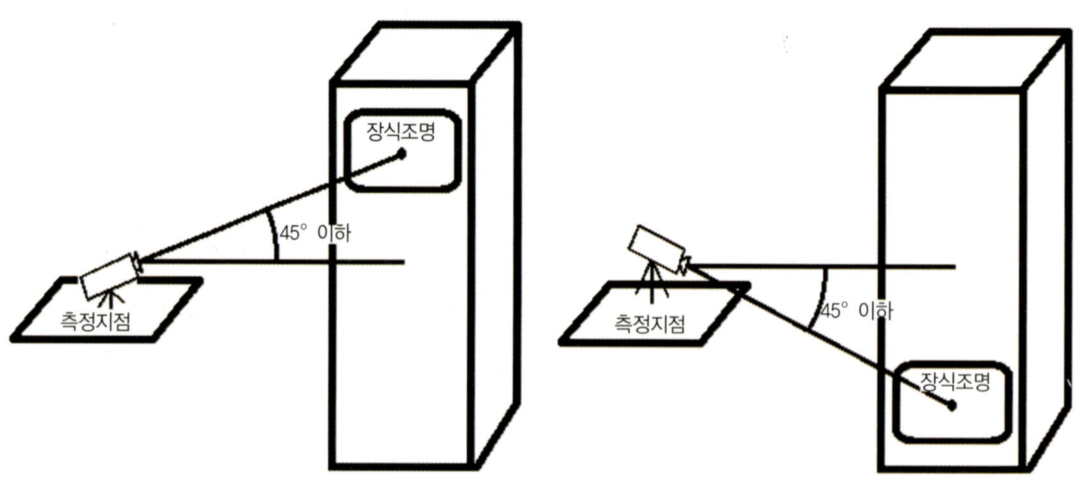

그림 5.4 장식조명 측정위치(측정지점) 선정

수평면이 이루는 각이 45° 이하가 되는 지점 중 빛공해 피해가 예상되는 지점으로 측정위치(측정지점)를 선정해야 한다. 이때 장애물(가로수 등)로 인한 차광이 예상되는 경우는 장애물 옆 또는 밖으로 떨어진 지점 중 차광의 영향이 적은 지점을 측정위치(측정지점)로 선정해야 한다.

2) 면휘도계를 이용한 장식조명의 발광표면 휘도 평균값 측정

장식조명은 조명방식 및 형태에 따라 장식조명의 조명영역(빛이 나오는 발광면 또는 빛이 비추어지는 조광면)이 다양하게 변하므로 휘도 측정에 앞서 측정해야 할 조명영역에 대한 검토가 먼저 이루어져야 한다. 장식조명의 조명영역 선정 시 측정자의 주관적인 판단에 따라 영역이 다르게 선정될 수 있으므로 공정한 측정을 위해서는 장식조명 조명영역 선정을 위한 객관화된 기준이 필요하다. 왜냐하면 조명영역을 크게 선정하면 휘도 평균값 계산식에서 분모의 면적이 커져 평균 휘도는 작게 평가되고 반대로 조명영역을 작게 선정하면 휘도 평균값이 크게 평가되기 때문이다. 장식조명은 조명기술 발전에 따라 다양하게 설계되어 설치되기 때문에 조명영역을 하나의 기준으로 분류할 수는 없으나 다음 표 5.7과 같이 장시조명이 조명방식 및 형태에 따라 뷰류할 수 있다.

먼저 장식조명은 조명방식에 따라 투광등과 같은 조명에 의해 장식면을 비추는 방식과 LED조명, 네온사인 등의 조명이 장식면에 직접 사용되어 장식면 자체적으로 발광하는 방식으로 분류할 수 있다. 외부 광원에서 장식면을 비추는 방식의 장식조명은 장식면 전체를 균일하게 조명하는 형태와 장식면 일부를 조명하는 형태로 분류되며, 장식면 자체적으로 발광하는 방식은 면, 선, 점 형태로 분류된다.

여기서 장식조명의 조명영역은 장식면 전체를 균일하게 비추는 조명(장식면의 최소 휘도 대비 최대 휘도비가 50 이하)의 경우 장식면 전체로 하고 장식면의 일부를 비추는 조명(장식면의 최소 휘도 대비 최대 휘도비가 50 초과)은 장식면의 최대 휘도 발생지점을 조명영역에 포함하고 최대 휘도의 $\frac{1}{50}$배가 되는 지점을

표 5.7 조명방식 및 형태에 따른 장식조명 분류

조명방식	조명형태		
외부 광원에서 장식면을 비추는 방식	장식면 전체를 균일하게 조명	장식면 일부를 조명	
장식면 자체적으로 발광하는 방식	면형태	선형태	점형태

연결한 4각형 이상의 다각형 영역을 조명영역으로 한다. 단, 장식면 둘레는 최대 휘도의 $\frac{1}{50}$배를 초과하여도 그 둘레를 다각형 영역의 테두리에 포함한다. 또한, 독립된 동일한 형태의 장식조명이 반복되는 경우 가장 밝을 것으로 예상되는 장식면에 대해서만 조명영역으로 선정한다.

표 5.8 외부 광원에서 장식면을 비추는 장식조명의 조명영역 선정 예

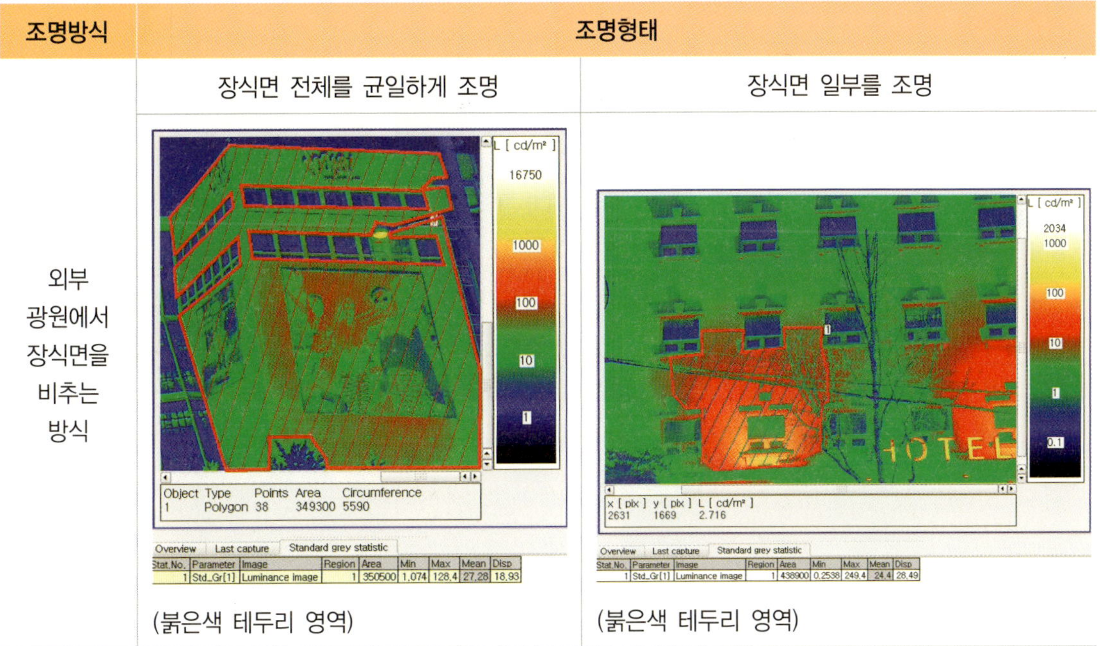

조명방식	조명형태	
	장식면 전체를 균일하게 조명	장식면 일부를 조명
외부 광원에서 장식면을 비추는 방식	(붉은색 테두리 영역)	(붉은색 테두리 영역)

발광 부위가 면 · 선 · 점조명 또는 면 · 선 · 점조명형태(빛공해 유발지점에서 관측했을 때 면 · 선 · 점형태로 장식된 조명)로 장식면 자체적으로 발광하는 장식조명의 조명영역은 표 5.9와 같이 면 · 선 · 점조명의 발광 부위 전체로 한다. 단, 동일한 형태의 면 · 선 · 점조명이 반복되는 경우 가장 밝을 것으로 예상되는 면 · 선 · 점조명에 대해서만 조명영역을 선정한다.

장식조명의 발광표면 휘도 평균값은 측정 대상 장식면이 가급적 면휘도계 측정각 안에 가득차게 하여 측정한다. 이때 면휘도계 조리개 및 셔터속도는 주변의 빛환경 및 측정 대상 조명의 밝기에 따라 적절히 설정해야 하는데, 셔터속도를 지나치게 짧게 하면 빛을 충분히 받아들이지 못하여 노이즈 영향으로 측정 휘도값이 커지는 경향이 있고 셔터속도를 지나치게 길게 하면 빛이 과다노출(Overflow)되어 측정 휘도값이 작아지는 경향이 있다. 따라서 이러한 측정조건에 따른 오차를 줄이기 위해 조리개는 야간의 빛환경을 고려하여 F4로 설정하고

표 5.9 장식면 자체적으로 발광하는 장식조명의 조명영역 선정 예

	면형태	선형태	점형태
장식면 자체적으로 발광하는 방식	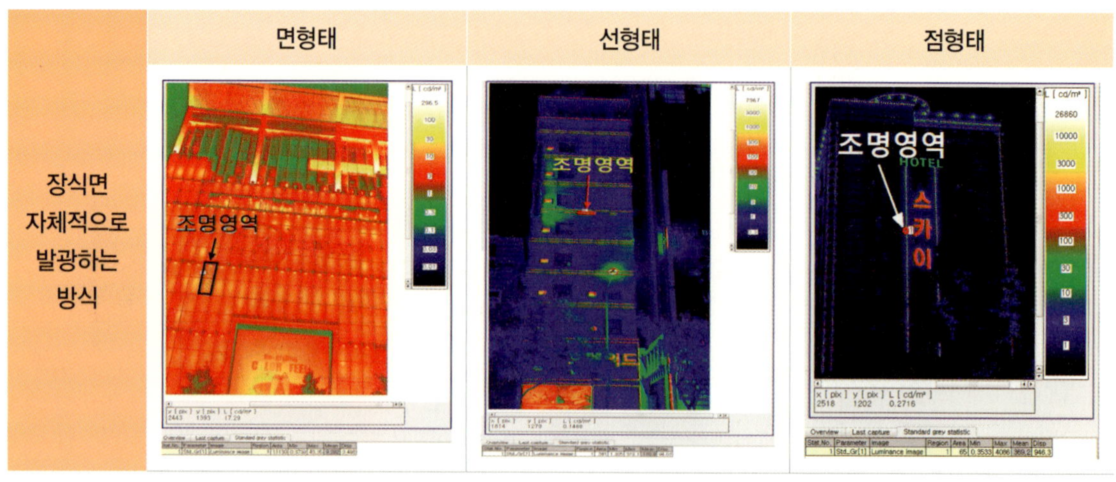		

셔터속도는 1/4,000초, 1/3,200초, 1/2,500초, … 등과 같이 세분화하여 빛이 과다노출(Overflow)되는 시점까지 순차적으로 측정하여 Overflow가 발생하기 바로 직전의 측정값을 측정휘도로 한다. 위의 노출시간 설정이 없을 경우 가장 인접한 노출시간으로 하여 순차적으로 셔터속도를 변화시키며 측정한다. 단, 조리개 및 셔터속도 조건 설정과 관련하여 자동으로 설정하는 기능이 있는 경우 그 기능에 따라 측정할 수 있다. 한편, 점멸하는 조명의 경우 점등되는 순간의 빛을 측정해야 하므로 셔터속도를 세분화하여 측정할 수 없다. 이때는 면휘도계 조리개를 F4로 하고 셔터속도는 $\frac{1}{15}$초 또는 $\frac{1}{15}$초와 가장 인접한 노출시간으로 고정하여 연속 촬영기능으로 2회 이상 측정하여 가장 큰 값을 측정휘도로 한다. 국내 장식조명의 밝기를 고려했을 때 셔터속도 $\frac{1}{15}$초는 상당히 긴 빛 노출시간으로 빛이 면휘도계에 과다노출(Overflow)될 가능성이 높다. 따라서 점멸 조명의 휘도를 측정할 때는 빛투과량 조절을 위한 중성필터(Neutral Density Filter) 사용이 필수적이며 장식조명의 밝기에 따라 다음 표 5.10의 예시와 같이 중성필터를 선정하여 측정하도록 한다.

표 5.10 장식조명 밝기에 따른 중성필터(Neutral Density Filter) 선정 예시

휘도(cd/㎡)	0.5~20	10~500	50~3,500	300~34,000
중성필터 (빛투과율, %)	사용 안 함	ND Filter1 (4.0~6.0)	ND Filter2 (0.6~0.8)	ND Filter3 (0.015~0.05)

장식조명의 면휘도 측정이 완료되면 선정된 조명영역에 대한 휘도 평균값을 측정휘도로 한다. 이렇게 측정된 측정휘도(평균값)에는 5.2.1의 주거지 연직면조도 측정시와 마찬가지로 측정장비(면휘도계)의 오차와 측정환경에 의한 오차가 내포되어 있다. 따라서 장식조명 휘도(평균값) 측정 결과의 「인공조명에 의한 빛공해 방지법」의 빛방사 허용기준 초과 여부 평가는 측정장비 및 환경에 의한 오차를 고려하여 평가해야 한다. 이에 따라 식(3)과 같이 측정휘도(평균값)에 휘도보정값(0.9)을 곱해주어 측정장비 및 환경에 의한 오차를 보정하며, 이러한 절차에 따라 평가휘도(평균값)가 산출된다. 휘도보정값 '0.9'는 측정장비 및 환경에 의한 오차를 최대 10% 수준으로 하여 도출된 보정값으로 측정휘도(평균값)를 10% 감하여 빛방사 허용기준 초과 여부를 평가하도록 하기 위한 값이다.

평가휘도(평균값) = 측정휘도(평균값) × 휘도보정값(0.9) ················ (3)

장식조명의 휘도평균값 계산과정에서의 유효숫자는 소수점 이하 첫째자리에서 반올림한 양의 정수로 하며 최종 평가휘도(평균값)는 「인공조명에 의한 빛공해 방지법」 시행규칙 별표 제3호의 장식조명 발광표면 휘도 평균값 기준과 비교하여 기준 초과 여부를 평가한다. 이때 빛방사 허용기준의 조명환경관리구역(제1종~제4종) 구분은 측정 대상 조명기구가 설치되어 있는 지점의 조명환경관리구역(지자체 지정)을 기준으로 적용한다. 즉 빛공해 발생 지점이 제3종 조명환경관리구역이고, 빛공해 유발 장식조명 설치지점이 제4종 조명환경관리구역인 경우 빛방사 허용기준은 제4종 조명환경관리구역 기준값(25 cd/㎡)으로 적용된다.

다음의 표 5.11은 「인공조명에 의한 빛공해 방지법」 시행규칙 별표 제3호의 장식조명 발광표면 휘도 평균값 기준을 나타낸다.

표 5.11 장식조명 대한 발광표면 휘도 평균값 기준

구분 / 대상 조명	적용시간	기준값	조명환경관리구역				단위
			제1종	제2종	제3종	제4종	
장식조명	해진 후 60분 ~ 해뜨기 전 60분	평균값	5 이하		15 이하	25 이하	cd/㎡

3) 면휘도계를 이용한 장식조명의 발광표면 휘도 최대값 측정

면휘도계를 이용한 장식조명의 발광표면 휘도 최대값 측정 시의 조명영역 선정 방법은 앞 절의 '2) 면휘도계를 이용한 장식조명의 휘도 평균값을 측정한 방법'과 같다. 먼저 면휘도계를 이용하여 장식조명의 발광표면 휘도 최대값 측정 시 측정 대상 장식면이 가급적 면휘도계 측정각 안에 가득하게 하여 측정한다. 이때 조리개는 야간의 빛환경을 고려하여 F4로 설정하고 셔터속도는 1/4,000초, 1/3,200초, 1/2,500초, · · · 등과 같이 세분화하여 빛이 과다노출(Overflow)되는 시점까지 순차적으로 측정하여 Overflow가 발생하기 바로 직전의 측정데이터를 휘도 최대값 분석을 위한 분석데이터로 한다. 위의 노출시간 설정이 없을 경우 가장 인접한 노출시간으로 하여 순차적으로 셔터속도를 변화시키며 측정한다. 단, 점멸하는 조명의 경우 점등되는 순간의 빛을 측정해야 하므로 면휘도계 조리개는 F4로 하고 셔터속도는 $\frac{1}{15}$초 또는 $\frac{1}{15}$초와 가장 인접한 노출시간으로 고정시켜 연속 촬영기능으로 2회 이상 측정하여 가장 큰 값을 측정 휘도로 한다. 조절을 위한 중성필터(Neutral Density Filter) 사용이 필수적이며 장식조명의 밝기에 따라 다음 표 5.12의 예시와 같이 중성필터를 선정하여 측정하도록 한다. 조리개 및 셔터속도

조건 설정과 관련하여 자동으로 설정하는 기능이 있는 경우 그 기능에 따라 측정할 수 있다.

표 5.12 장식조명 밝기에 따른 중성필터(Neutral Density Filter) 선정 예시

휘도(cd/㎡)	0.5~20	10~500	50~3,500	300~34,000
중성필터 (빛투과율, %)	사용 안 함	ND Filter1 (4.0~6.0)	ND Filter2 (0.6~0.8)	ND Filter3 (0.015~0.05)

장식조명의 휘도 측정이 완료되면 휘도 최대값 산정을 위한 분석데이터를 선정해야 한다. 분석데이터는 앞서 언급한 바와 같이 다양한 셔터속도에 따른 휘도 측정데이터 중 빛이 과다노출되지 않고 셔터속도가 가장 긴 데이터로 하거나 이와 관련한 자동 선정 기능이 있는 경우 그 선정에 의한 데이터로 한다. 단, 점멸조명의 경우 2회 이상 측정한 데이터 중 휘도 측정값이 가장 클 것으로 예상되는 데이터를 분석데이터로 선정한다. 측정 휘도(최대값)는 분석데이터 중 가장 밝을 것으로 예상되는 2지점 이상의 분석영역을 선정 · 분석하여 그 중 가장 큰 값으로 하며, 분석영역의 크기는 다음 식(4)에 따라 계산된 값(Pixel)을 지름으로 하는 원으로 한다. 식(4)에 따른 분석영역의 크기는 측정각 $\frac{1}{3}°$에 해당하는 영역이다.

$$\frac{X \times Z}{Y} \quad \cdots\cdots (4)$$

X = 횡축방향 휘도 이미지 해상도(Pixel), (예) 2,592(Pixel)

Y = 횡축방향 면휘도계 시야각(°), (예) 72.4(°, 축소 시) 또는 27.9(°, 확대 시)

Z = $\frac{1}{3}$(°, 측정각)

여기서 잠깐!!!

분석영역의 크기는 이렇게 결정되어요.
면휘도계로 측정하여 분석된 휘도정보는 픽셀(Pixel) 단위로 저장되어 있으나 이는 매우 작은 영역(측정각 0.1° 이하)에 해당하여 점휘도계의 측정각에 해당하는 크기($\frac{1}{3}$°)로 분석영역을 선정해야 한다.
따라서 다음과 같은 비례식에 의해 분석영역의 크기가 결정된다.

$$Y : X = Z : W$$

$$Y \times W = X \times Z$$

$$W = \frac{X \times Z}{Y}$$

Y = 횡축방향 면휘도계 시야각(또는 측정각, °)
X = 횡축방향 면휘도계 휘도 이미지 해상도(Pixel)
Z = 점휘도계 측정각($\frac{1}{3}$°)
W = 분석영역 크기(Pixel)

이렇게 하여 도출된 휘도 최대값은 식(5)와 같이 측정휘도(최대값)에 휘도보정값(0.9)을 곱해주어 측정장비 및 환경에 의한 오차를 보정하며 이러한 절차에 따라 평가휘도(최대값)가 산출된다.

$$\text{평가휘도(최대값)} = \text{측정휘도(최대값)} \times \text{휘도보정값}(0.9) \quad \cdots\cdots\cdots\cdots\cdots \quad (5)$$

장식조명의 휘도 최대값 계산과정에서의 유효숫자는 소수점 이하 첫째자리에서 반올림한 양의 정수로 하며 최종 평가휘도(최대값)는 「인공조명에 의한 빛공해 방지법」 시행규칙 별표 제3호의 장식조명 발광표면 휘도 최대값 기준과 비교하여 기준 초과 여부를 평가한다. 이때 빛방사 허용기준의 조명환경관리구역(제1종~제4종) 구분은 측정 대상 조명기구가 설치되어 있는 지점의 조명환경관리구역(지자체 지정)을 기준으로 적용한다. 즉 빛공해 발생 지점이 제3종 조명환경관리구역이고 빛공해 유발 장식조명 설치 지점이 제4종 조명환경관리구역인 경우 빛방사 허용기준은 제4종 조명환경관리구역 기준값(300 cd/m²)으로 적용된다.

다음의 표 5.13은 「인공조명에 의한 빛공해 방지법」 시행규칙 별표 제3호의 장식 조명 발광표면 휘도 최대값 기준을 나타낸다.

표 5.13 장식조명 대한 발광표면 휘도 최대값 기준

구분 / 대상 조명	적용시간	기준값	조명환경관리구역				단위
			제1종	제2종	제3종	제4종	
장식조명	해진 후 60분 ~ 해뜨기 전 60분	평균값	20 이하	60 이하	180 이하	300 이하	cd/㎡

4) 점휘도계를 이용한 장식조명의 발광표면 휘도 최대값 측정

장식조명의 휘도 최대값 측정에 앞서 측정영역 선정에 대한 검토가 먼저 수행되어야 한다. 이는 장식조명 중 옥탑조명(아파트 옥상에 설치된 조명)과 같이 높은 곳에 설치된 조명의 경우 측정거리가 수백 미터 수준까지 멀어져 점휘도계 측정각(Measurement angle, $\frac{1}{3}°$)에 들어오는 측정영역이 수십 센티미터에서 수 미터 수준까지 커질 수 있는데, 이러한 환경에서 점휘도를 측정하면 휘도계 측정각(Measurement angle) 내에 들어오는 측정영역이 커져 발광표면 일부분의 평균값으로 측정되는 효과가 발생한다. 이로 인해 공정한 발광표면 휘도 최대값을 구하기 어렵게 된다. 따라서 장식조명의 공정한 휘도 최대값 측정을 위해서는 표 5.14와 같이 조명형태에 따라 휘도 측정영역을 선정해야 한다.

측정은 점휘도계를 이용하여 빛공해 피해가 예상되는 적절한 측정시각에 가장 밝을 것으로 예상되는 2지점 이상의 측정점을 선정·측정하며 그 중 가장 높은 휘도를 측정휘도로 한다. 면·선·점형태의 조명이 혼재한 경우는 가장 밝을 것으로 예상되는 조명에 대해서만 측정영역을 선정하여 측정한다.

표 5.14 장식조명 휘도 최대값 측정을 위한 측정영역 선정

조명형태	장식조명	측정영역 선정
면조명	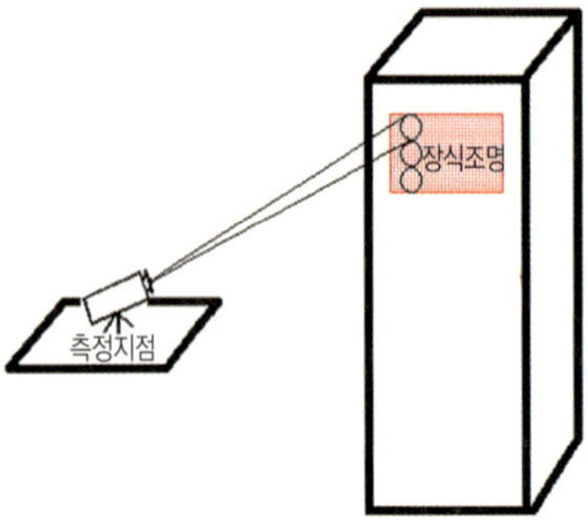 장식조명 측정지점	면조명의 발광표면 휘도 측정영역은 점휘도계 접안렌즈를 통해 바라본 점휘도계 측정각 지름이 장식조명 한 변 길이의 $\frac{1}{3}$ 이하가 되거나 측정각 면적이 장식조명 전체 면적의 $\frac{1}{10}$ 이하이어야 한다.
선조명	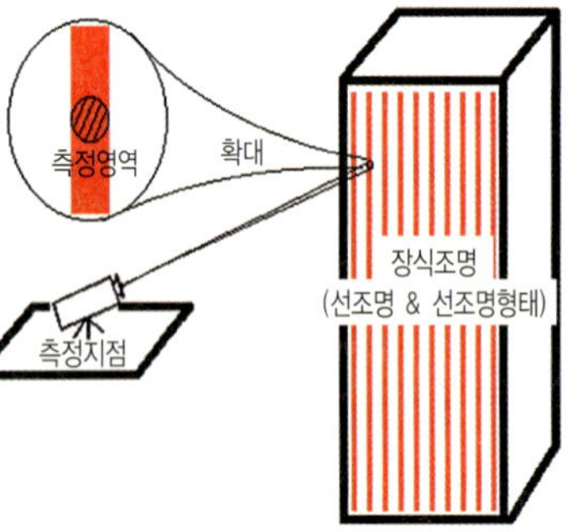 측정영역 확대 장식조명 (선조명 & 선조명형태) 측정지점	선조명(빛공해 유발 예상 지점에서 관측했을 때 선형태로 장식된 조명)의 발광표면 휘도 측정영역은 점휘도계 접안렌즈를 통해 바라본 점휘도계 측정각 지름이 장식조명 선두께 이하가 되도록 한다.
점조명	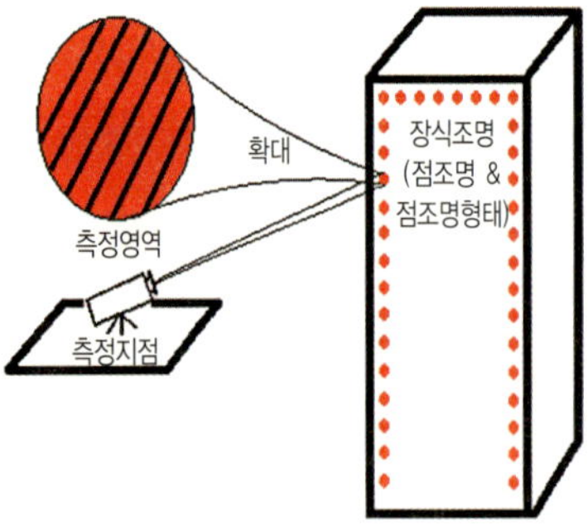 확대 장식조명 (점조명 & 점조명형태) 측정영역 측정지점	점조명(빛공해 유발 예상 지점에서 관측했을 때 점형태로 장식된 조명)의 발광표면 휘도 측정영역은 점휘도계 접안렌즈를 통해 바라본 점휘도계 측정각 면적이 장식조명 발광면적과 같거나 작도록 한다.

측정휘도에는 측정장비(점휘도계)가 갖고 있는 오차와 측정환경에 의한 오차가 내포되어 있다. 따라서 측정결과의 「인공조명에 의한 빛공해 방지법」의 빛방사 허용기준 초과 여부 평가는 측정장비 및 환경에 의한 오차를 고려하여 평가해야 한다. 이에 따라 식(6)과 같이 측정휘도에 휘도보정값(0.9)을 곱해주어 측정장비 및 환경에 의한 오차를 보정하며, 이러한 절차에 따라 평가휘도가 산출된다. 휘도 보정값 '0.9'는 측정장비 및 환경에 의한 오차를 최대 10% 수준으로 하여 도출된 보정값으로 휘도 최대값을 10% 감하여 빛방사 허용기준 초과 여부를 평가하도록 하기 위한 수치이다.

$$\text{평가휘도(최대값)} = \text{측정휘도} \times \text{휘도보정값}(0.9) \quad \cdots\cdots (6)$$

장식조명의 휘도 최대값 계산과정에서의 유효숫자는 소수점 이하 첫째자리에서 반올림한 양의 정수로 하며 최종 평가휘도(최대값)는 「인공조명에 의한 빛공해 방지법」 시행규칙 별표 제3호의 장식조명 발광표면 휘도 최대값 기준과 비교하여 기준 초과 여부를 평가한다. 이때 빛방사 허용기준의 조명환경관리구역(제1종~제4종) 구분은 측정 대상 조명기구가 설치되어 있는 지점의 조명환경관리구역(지자체 지정)을 기준으로 적용한다.

5.2.3 일반 광고조명의 발광표면 휘도 측정방법

일반 광고조명의 발광표면 휘도 측정은 「옥외광고물 등 관리법」 제3조에 따라 허가를 받아야 하는 옥외광고물을 측정 대상으로 하며, 평가 대상물의 발광표면 중 가장 밝을 것으로 예상되는 지점의 휘도 최대값으로 빛방사 허용기준 초과 여부를 평가한다. 일반 광고물의 발광표면 휘도 측정방법의 전반적인 측정절차 및 방법은 앞의(5.2.2) '4). 점휘도계를 이용한 장식조명의 발광표면 휘도 최대값 측정'과 같다.

표 5.15 조명형태에 따른 일반 광고조명 분류

조명형태	광고조명	비고
면조명		간판(가로형)
선조명		네온사인
점조명		LED

1) 측정위치(측정지점) 선정

광고조명은 장식조명과 마찬가지로 건축물 및 시설물 등에 많이 설치되어 측정 대상 조명이 건물의 높은 위치에 설치된 경우 지면에서 휘도를 측정하게 되면

그림 5.5 지주이용 간판(인천 서구 경서동)

측정각도가 측정 대상조명의 설치방향과 다르게 되어 실제값보다 작게 측정되는 경향이 있다. 따라서 측정위치(측정지점)는 광고조명 설치 높이 및 방향을 고려하여 가급적 광고조명 전방에서 측정되도록 선정해야 한다. 그림 5.5는 일반 광고조명 중의 한 종류인 지주이용 간판을 나타내며 표 5.16은 일반 광고조명의 측정각도 변화에 따른 휘도 최대값 변화 예시를 나타낸다.

표 5.16 일반 광고조명의 측정각 변화에 따른 휘도 최대값 측정결과 변화(예시)

측정위치 (측정지점)	측정각(°)	측정거리(m)	휘도 최대값(cd/㎡)	기준값과의 차이 비율(%)
1	10	156.0	244.5	−4.0
2	20	75.6	253.1	−0.6
3	30	47.6	254.6(기준값)	0.0
4	40	32.8	252.2	−0.9
5	45	27.5	247.3	−2.9
6	50	23.1	247.7	−2.7
7	60	15.9	238.0	−6.5

표 5.16의 측정각도 변화에 따른 휘도 최대값 변화로부터 알 수 있듯이 측정기기가 측정지점에서 측정 대상물 중심을 바라보는 직선과 수평면이 이루는 각이 일정각도(60°) 이상 커지면 휘도 측정값이 급격하게 감소하는데, 이는 측정방향 변화에 의한 오차에 기인한다. 이러한 오차를 줄이기 위하여 그림 5.6과 같이 광고조명 설치높이를 고려하여 측정자가 측정지점에서 측정대상물의 중심을 바라보는 직선과 수평면이 이루는 각이 45° 이하가 되는 지점 중 빛공해 피해가 예상되는 지점으로 측정위치(측정지점)를 선정해야 한다. 또한 장애물(가로수 등)로 인한 차광이 예상되는 경우는 장애물 옆 또는 밖으로 떨어진 지점 중 차광의 영향이 적은 지점을 측정위치(측정지점)로 선정해야 한다.

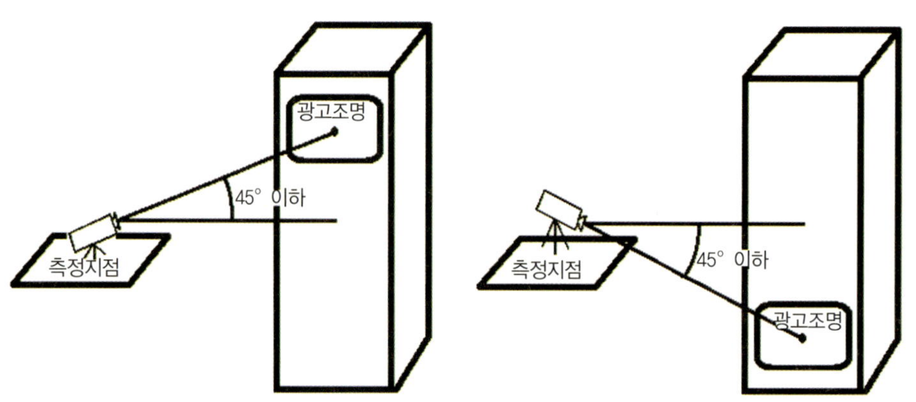

그림 5.6 광고조명 측정위치(측정지점) 선정

2) 점휘도계를 이용한 광고조명의 발광표면 휘도 최대값 측정

광고조명의 휘도 최대값 측정에 앞서 측정영역 선정에 대한 검토가 먼저 수행되어야 한다. 장식조명과 마찬가지로 광고조명도 높은 곳에 설치된 경우가 많아 휘도 측정 시 측정거리가 멀어짐에 따라 점휘도계 측정각(Measurement angle) 내에 들어오는 측정영역이 커져 측정값이 발광표면 일부분의 평균값으로 측정되는 효과가 발생하기 때문이다. 이로 인해 공정한 발광표면 휘도 최대값을 구하기 어렵게 된다. 따라서 광고조명의 공정한 휘도 최대값 측정을 위해서는 다음 표 5.17과 같이 휘도 측정영역을 선정해야 한다.

표 5.17 광고조명 휘도 최대값 측정을 위한 측정영역 선정

조명형태	장식조명	측정영역 선정
면조명	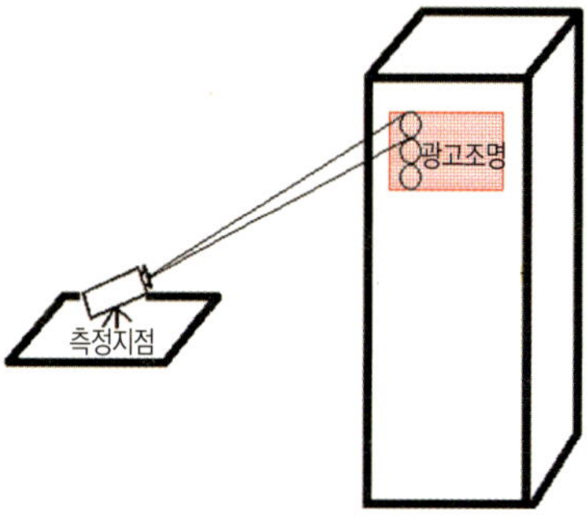 광고조명 측정지점	면조명의 발광표면 휘도 측정영역은 점휘도계 접안렌즈를 통해 바라본 점휘도계 측정각 지름이 광고조명 한 변 길이의 $\frac{1}{3}$ 이하가 되거나 측정각 면적이 장식조명 전체 면적의 $\frac{1}{10}$ 이하이어야 한다.
선조명	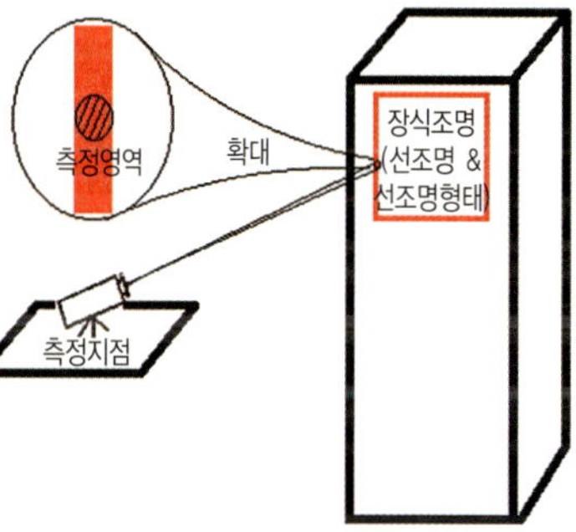 측정영역 확대 장식조명 (선조명 & 선조명형태) 측정지점	선조명(빛공해 유발 예상 지점에서 관측했을 때 선형태로 설치된 조명)의 발광표면 휘도 측정영역은 점휘도계 접안렌즈를 통해 바라본 점휘도계 측정각 지름이 광고조명 선두께 이하가 되도록 한다.
점조명	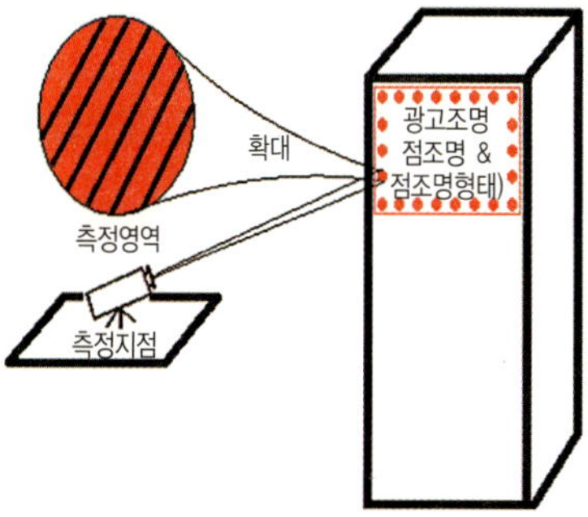 확대 측정영역 광고조명 점조명 & 점조명형태) 측정지점	점조명(빛공해 유발 예상 지점에서 관측했을 때 점형태로 설치된 조명)의 발광표면 휘도 측정영역은 점휘도계 접안렌즈를 통해 바라본 점휘도계 측정각 면적이 광고조명 발광면적과 같거나 작도록 한다.

측정은 점휘도계를 이용하여 빛공해 피해가 예상되는 적절한 측정시각에 가장 밝을 것으로 예상되는 2지점 이상의 측정점을 선정·측정하며 그 중 가장 높은 휘도를 측정휘도로 한다. 면·선·점형태의 조명이 혼재한 경우는 가장 밝을 것으로 예상되는 조명에 대해서만 측정영역을 선정하여 측정한다.

측정휘도에는 측정장비(점휘도계)의 오차와 측정환경에 의한 오차가 내포되어 있으므로 식(7)과 같이 측정휘도에 휘도보정값(0.9)을 곱해주어 측정장비 및 환경에 의한 오차를 보정하며 이러한 절차에 따라 평가휘도가 산출된다. 휘도보정값 '0.9'는 측정장비 및 환경에 의한 오차를 최대 10% 수준으로 하여 도출된 보정값으로 휘도 최대값을 10% 감하여 빛방사 허용기준 초과 여부를 평가하도록 하기 위한 수치이다.

$$\text{평가휘도(최대값)} = \text{측정휘도} \times \text{휘도보정값}(0.9) \quad \cdots\cdots (7)$$

광고조명의 휘도 최대값 계산과정에서의 유효숫자는 소수점 이하 첫째자리에서 반올림한 양의 정수로 하며 최종 평가휘도(최대값)는 「인공조명에 의한 빛공해 방지법」 시행규칙 별표 제2호 나목의 광고조명 발광표면 휘도 최대값 기준과 비교하여 기준 초과 여부를 평가한다. 이때 빛방사 허용기준의 조명환경관리구역(제1종~제4종) 구분은 측정 대상 조명기구가 설치되어 있는 지점의 조명환경관리구역(지자체 지정)을 기준으로 적용한다. 즉 빛공해 발생 지점이 제3종 조명환경관리구역이고 빛공해 유발 광고조명 설치지점이 제4종 조명환경관리구역인 경우 빛방사 허용기준은 제4종 조명환경관리구역 기준값(1,000 cd/㎡)으로 적용된다. 다음의 표 5.18은 「인공조명에 의한 빛공해 방지법」 시행규칙 별표 제2호 나목의 광고조명 발광표면 휘도 최대값 기준을 나타낸다.

표 5.18 광고조명에 대한 발광표면 휘도 최대값 기준

구분 대상 조명	적용시간	기준값	조명환경관리구역				단위
			제1종	제2종	제3종	제4종	
장식조명	해진 후 60분 ~ 해뜨기 전 60분	평균값	50 이하	400 이하	800 이하	1,000 이하	cd/㎡

5.2.4 점멸 · 동영상 전광류 광고물의 발광표면 휘도 측정방법

점멸 또는 동영상 변화가 있는 전광류 광고물의 발광표면 휘도 측정은 「옥외광고물 등 관리법」 제3조에 따라 허가를 받아야 하는 옥외광고물 중 동법 시행령 제4조 12호 나목의 '빛이 점멸하거나 동영상 변화가 있는 전광류 광고물'을 측정 대상으로 하고 있다. 휘도 측정 및 평가는 대상물의 발광표면 전체의 휘도 평균값으로 한다. 전광류 광고물은 동영상 상영(또는 점멸)에 따라 발광표면의 휘도가 변하므로 이러한 발광특성을 고려하여 빛공해 피해를 유발하는 가장 밝은 시점의 휘도를 측정하여야 한다.

그림 5.7 점멸 또는 동영상 변화가 있는 전광류 광고물

전광류 광고물의 발광표면 휘도 측정방법은 크게 두 가지로 나뉘며, 첫 번째는 도형발생기(Pattern generator)를 전광류 광고물에 연결하여 백색신호(White signal)를 발생시켜 가장 밝은 상태의 발광표면상태를 유지하면서 휘도를 측정하는 방법이고, 두 번째는 전광류 광고물 설치 현장에서 실시간으로 점멸 또는 동영상 변화가 있는 전광류 광고물의 가장 밝은 시점을 선정하여 휘도를 측정하는 방법이다. 먼저 첫 번째 휘도 측정방법은 비교적 짧은 시간에 측정 및 분석·평가가 완료되는 장점은 있으나 사전에 측정 대상물의 관리자 또는 광고사업주와 협조가 있어야 가능하며 이러한 준비과정에 따른 시간 소요 등이 단점이 된다. 두 번째 측정방법은 첫 번째 방법에 비해 사전 준비과정이 필요 없고 실제 현장에서 실시간으로 재생되는 전광류 광고물의 휘도를 측정할 수 있다는 장점은 있으나 측정과정에서 측정자의 주관적인 판단(밝은 시점 선정 등)이 측정결과에 영향을 줄 수 있는 단점이 있다. 전광류 광고물의 휘도 측정방법별 세부 장·단점은 다음 표 5.19와 같다.

표 5.19 전광류 광고물의 휘도 측정방법 1 및 2의 장·단점

구분	측정방법 1(도형발생기를 이용한 전광류 광고물의 휘도 측정)	측정방법 2(점멸 또는 동영상 재생중인 전광류 광고물의 휘도 측정)
장점	• 측정방법이 단순하고 쉬움 • 측정·분석 소요시간이 짧음 • 측정자의 주관적 판단(측정 시점 선정 등)에 의한 측정값 영향 없음	• 실제 상영되는 전광류 광고물의 휘도를 측정
단점	• 측정 전 관리자 또는 광고사업주와 사전 협의 필요(협의과정에 따른 시간 소요) • 보조적인 측정방법으로 측정결과 기준 초과 시 '측정방법 2'에 따른 재측정 필요	• 측정·분석 소요시간이 측정방법 1에 비해 비교적 김 • 측정자의 주관적 판단(측정 시점 선정 등)이 측정값에 영향을 줄 수 있음

여기서 잠깐 !!!

빛공해 공정시험기준에서는 측정방법 1과 2의 장단점을 서로 보완하기 위하여...

1. 먼저 본 장(5.2.4)의 '측정방법 1(도형발생기를 이용한 전광류 광고물의 휘도 측정)'의 방법으로 측정 · 평가하되, 도형발생기를 이용하여 백색신호 재생이 어렵다고 판단되거나 측정 · 평가결과 점멸 · 동영상 전광류 광고물 발광표면 휘도 기준값을 초과할 경우
2. '측정방법 2(점멸 또는 동영상 재생중인 전광류 광고물의 휘도 측정)'의 측정방법으로 재측정하여 휘도를 평가하도록 하고 있다.

1) 측정위치(측정지점) 선정

전광류 광고물은 광고조명 및 장식조명과 마찬가지로 건축물 및 시설물 등에 많이 설치되며 주로 건물의 높은 위치에 설치된 경우가 많아 지면에서 휘도를 측정하게 되면 측정각도가 측정 대상조명의 설치방향과 다르게 되어 실제값보다 작게 측정되는 경향이 있다. 따라서 측정위치(측정지점)는 다음 그림 5.8과 같이 전광류 광고물의 설치 높이 및 방향을 고려하여 측정자가 측정지점에서 측정대상물의 중심을 바라보는 직선과 수평면이 이루는 각이 45° 이하가 되는 지점 중 빛공해 피해가 예상되는 지점으로 측정위치를 선정해야 한다.

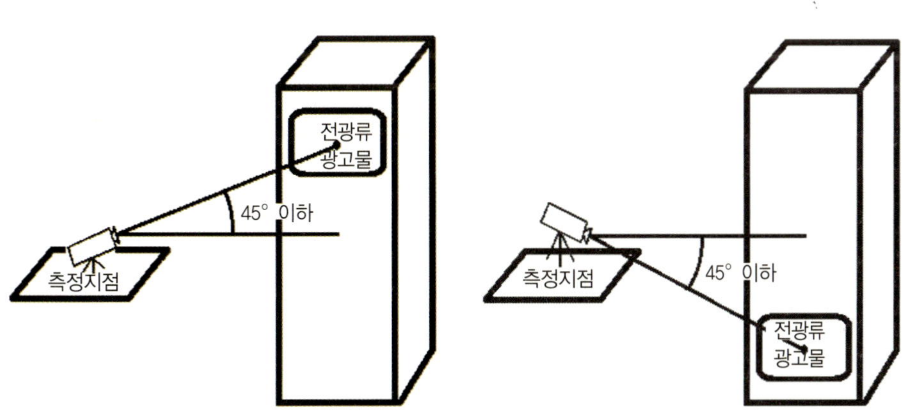

그림 5.8 점멸 · 동영상 전광류 광고물의 측정위치(측정지점) 선정

2) 도형발생기를 이용한 점멸 · 동영상 전광류 광고물의 발광표면 휘도 측정

도형발생기(Pattern generator)는 각종 디지털 멀티미디어 장치의 동작상태를 점검하기 위해 필요한 시험 신호 또는 도형을 만들어내는 신호 발생기로써 전광류 광고물의 가장 밝은 발광상태로 만들기 위해 사용된다. 먼저 도형발생기와 측정 대상 전광류 광고물을 연결하여 백색신호를 재생토록 하고, 이때 전광류 광고물의 발광표면 휘도를 면휘도계를 이용하여 측정한다.

그림 5.9 도형발생기(Pattern generator)

전광류 광고물의 발광표면이 가급적 면휘도계 측정각 안에 가득하게 하여 측정한다. 이때 면휘도계 조리개 및 셔터속도는 주변 빛환경 및 측정 대상 조명의 밝기에 따라 적절히 설정하여야 하는데, 셔터속도를 지나치게 짧게 하면 빛을 충분히 받아들이지 못하여 노이즈 영향으로 측정 휘도값이 커지는 경향이 있고 셔터속도를 지나치게 길게 하면 빛이 과다노출(Overflow)되어 측정 휘도값이 작아지는 경향이 있다. 따라서 이러한 측정 조건에 따른 오차를 줄이기 위해 조리개는 야간의 빛환경을 고려하여 F4로 설정하고 셔터속도는 1/4,000초, 1/3,200초, 1/2,500초, · · · 등과 같이 세분화하여 빛이 과다노출(Overflow)되는 시점까지 순차적으로 측정하여 Overflow가 발생하기 바로 직전의 측정값을 측정휘도로 한다. 위의 노출시간 설정이 없을 경우 가장 인접한 노출시간으로 하여 순차적으로 셔터속도를 변화시키면서 측정한다. 조리개 및 셔터속도 조건 설정과 관련하여 자동으로 설정하는 기능이 있는 경우 그 기능에 따라 측정할 수 있다. 휘도 측정 중 전광류 광고물을 구성하는 광소자간 빛 간섭 발생(줄무늬 발생) 시 수동 초점으로 조절하여 간섭을 제거한 후 측정하도록 한다.

휘도측정이 완료되면 발광표면 전체에 대한 휘도평균값을 측정휘도로 한다. 이렇게 측정된 측정휘도(평균값)에는 측정장비(면휘도계)의 오차와 측정환경에 의한 오차가 내포되어 있다. 따라서 전광류 광고물 휘도(평균값) 측정결과의 「인공조명에 의한 빛공해 방지법」의 빛방사 허용기준 초과 여부 평가는 측정장비 및 환경에 의한 오차를 고려하여 평가해야 한다. 이에 따라 식(8)과 같이 측정휘도(평균값)에 휘도보정값(0.9)을 곱해주어 측정장비 및 환경에 의한 오차를 보정하며 이러한 절차에 따라 평가휘도(평균값)가 산출된다. 휘도보정값 '0.9'는 측정장비 및 환경에 의한 오차를 최대 10% 수준으로 하여 도출된 보정값으로 측정휘도(평균값)를 10% 감하여 빛방사 허용기준 초과 여부를 평가하도록 하기 위한 값이다.

$$\text{평가휘도(평균값)} = \text{측정휘도(평균값)} \times \text{휘도보정값(0.9)} \quad \cdots\cdots\cdots\cdots\cdots (8)$$

전광류 광고물의 휘도 평균값 계산과정에서의 유효숫자는 소수점 이하 첫째자리에서 반올림한 양의 정수로 하며 최종 평가휘도(평균값)는 「인공조명에 의한 빛공해 방지법」 시행규칙 별표 제2호 가목의 전광류 광고물 발광표면 휘도 평균값 기준과 비교하여 기준 초과 여부를 평가한다. 이때 빛방사 허용기준의 조명환경관리구역(제1종~제4종) 구분은 측정 대상 조명기구가 설치되어 있는 지점의 조명환경관리구역(지자체 지정)을 기준으로 적용한다. 즉 빛공해 발생 지점이 제3종 조명환경관리구역이고 빛공해 유발 전광류 광고물 설치지점이 제4종 조명환경관리구역인 경우 빛방사 허용기준은 제4종 조명환경관리구역 기준값(1,500 cd/㎡,

표 5.20 전광류 광고물에 대한 발광표면 휘도 평균값 기준

구분 / 대상 조명	적용시간	기준값	조명환경관리구역				단위
			제1종	제2종	제3종	제4종	
전광류 광고물	해진 후 60분 ~ 24 : 00	평균값	400 이하	800 이하	1,000 이하	1,500 이하	cd/㎡
	24 : 00 ~ 해뜨기 전 60분		50 이하	400 이하	800 이하	1,000 이하	

24시 이전)으로 적용된다. 표 5.20은 「인공조명에 의한 빛공해 방지법」 시행규칙 별표 제2호 가목의 전광류 광고물 발광표면 휘도 평균값 기준을 나타낸다.

3) 점멸 또는 동영상 재생중인 전광류 광고물의 발광표면 휘도 측정

이 측정방법은 현장에서 실시간으로 점멸 또는 동영상을 재생중인 전광류 광고물의 발광표면 휘도를 측정하는 방법으로 앞 절 '2) 도형발생기를 이용한 점멸·동영상 전광류 광고물의 발광표면 휘도 측정' 방법에서 도형발생기를 이용하여 백색신호 재생이 어렵다고 판단되거나 '2) 도형발생기를 이용한 전광류 광고물의 휘도 측정하기'에 따른 측정·평가결과 빛방사 허용기준의 점멸·동영상 전광류 광고물 발광표면 휘도 기준값을 초과할 경우 적용되는 전광류 광고물의 휘도 측정방법이다.

먼저 측정에 앞서 측정자가 측정 대상 전광류 광고물의 점멸주기 또는 동영상 재생주기 동안 발광표면의 밝기를 관찰하면서 가장 밝은 시점을 결정한다. 가장 밝은 시점이 결정되면 전광류 광고물의 발광표면이 가급적 면휘도계 측정각 안에 가득하게 하여 여러 번 측정(연속 2회 이상)하고 측정값 중 가장 큰 값을 측정 휘도로 한다. 이때 면휘도계 조리개는 야간의 측정에 따른 빛환경을 고려하여 F4로 하고 셔터속도는 전광류 광고물의 '프레임(Frame)'을 고려하여 $\frac{1}{15}$초 또는 $\frac{1}{15}$초와 가장 인접한 노출시간으로 설정한다.

여기서 잠깐 !!!

프레임(Frame)이란? 영화, 비디오, 애니메이션 등에서 움직이는 영상을 구성하는 정지된 이미지들 중 한 장을 '프레임'이라고 한다. LED 등 전자식 발광 특성을 이용한 전광류 광고물은 동영상이 상영될 때 1초에 여러 장의 프레임(이미지)이 발광면에 순차적으로 아주 짧은 순간 비춰지고 다음 프레임으로 대체되는데, 이때 잔상효과에 의해 여러 프레임이 합쳐져 영상이 움직이는 것처럼 보인다. 사람의 눈은 15프레임 이상의 연속 이미지는 동영상으로 인식하며 일반적으로 영화는 24프레임, 방송카메라는 30프레임으로 촬영된다.

국내 전광류 광고물의 밝기를 고려했을 때 셔터속도 $\frac{1}{15}$ 초는 상당히 긴 노출시간으로 빛이 면휘도계에 과다노출(Overflow)될 가능성이 높다. 따라서 빛의 투과량을 조절해주는 중성필터(Neutral Density Filter) 사용이 필수적이며 전광류 광고물의 밝기에 따라 다음 표 5.21의 예시와 같이 중성필터를 선정하여 측정해야 한다. 단, 이와 관련한 자동 중성필터 설정 기능이 있는 경우 그 기능에 따른다.

표 5.21 전광류 광고물 밝기에 따른 중성필터(Neutral Density Filter) 선정 예시

휘도(cd/㎡)	0.5~20	10~500	50~3,500	300~34,000
중성필터 (빛투과율, %)	사용안함	ND Filter1 (4.0~6.0)	ND Filter2 (0.6~0.8)	ND Filter3 (0.015~0.05)

전광류 광고물의 휘도 측정 시 면휘도계의 측정영역 표시부 화면에 줄무늬형태의 무늬가 나타나는 경우가 있는데, 이는 전광류 광고물 발광표면을 구성하는 발광소자간 빛 간섭에 의한 것으로 휘도 측정값에 오차를 발생시킬 수 있으며, 이런 경우 면휘도계의 자동초점 조절 후 수동초점 조절기능으로 초점에 변화를 주어 간섭(줄무늬 발생)을 제거한 후 측정한다.

여기서 잠깐!!!

빛 간섭이란? 인접한 두 개의 동일한 광원(파장 길이와 진폭이 같음)에서 방출된 빛은 동일한 지점에 도달할 때 도달 위치에 따라 빛의 밝기가 커지거나 작아지는데, 이는 두 빛의 이동거리차(d2-d1)에 의한 간섭현상(보강간섭 또는 상쇄간섭)으로 빛의 파동 성질에 기인한다. 이러한 빛 간섭(보강 또는 상쇄)에 의해 빛 수광부(측정지점)에서 밝기(휘도) 변화가 생긴다. 이런 경우 면휘도계의 초점을 수동으로 빗나가게 하면 빛 간섭현상을 없앨 수 있다.

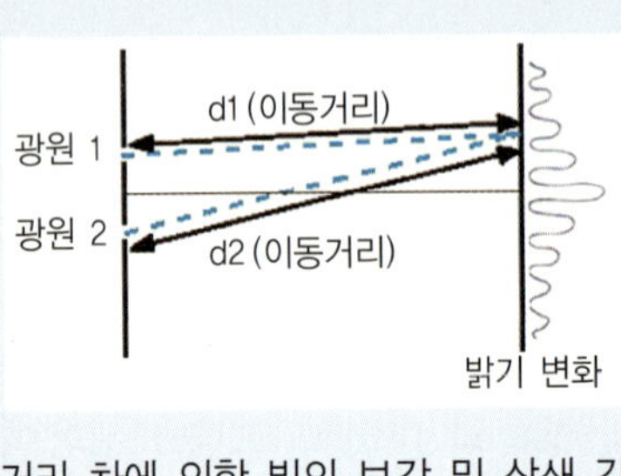

이동거리 차에 의한 빛의 보강 및 상쇄 간섭현상

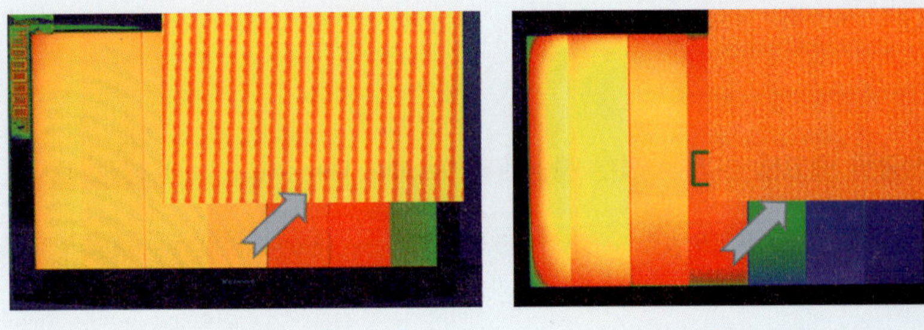

(a) 간섭현상 발생　　(b) 간섭현상 제거 후

빛 간섭현상 예(LCD TV)

이렇게 측정된 측정휘도(평균값)에는 측정장비(면휘도계)가 갖고 있는 오차와 측정환경에 의한 오차가 내포되어 있다. 따라서 전광류 광고물 휘도(평균값) 측정 결과 「인공조명에 의한 빛공해 방지법」의 빛방사 허용기준 초과 여부 평가는 측정장비 및 환경에 의한 오차를 고려하여 평가해야 한다. 이에 따라 식(9)와 같이 측정휘도(평균값)에 휘도보정값(0.9)을 곱해주어 측정장비 및 환경에 의한 오차를 보정하며 이러한 절차에 따라 평가휘도(평균값)가 산출된다. 휘도보정값 '0.9'는 측정장비 및 환경에 의한 오차를 최대 10%로 수준으로 하여 도출된 보정값으로 측정휘도(평균값)를 10% 감하여 빛방사 허용기준 초과 여부를 평가하도록 하기 위한 값이다.

$$평가휘도(평균값) = 측정휘도(평균값) \times 휘도보정값(0.9) \quad \cdots\cdots (9)$$

전광류 광고물의 휘도평균값 계산과정에서의 유효숫자는 소수점 이하 첫째자리에서 반올림한 양의 정수로 하며 최종 평가휘도(평균값)는 「인공조명에 의한 빛공해 방지법」 시행규칙 별표 제2호 가목의 전광류 광고물 발광표면 휘도평균값 기준과 비교하여 기준 초과 여부를 평가한다. 이때 빛방사 허용기준의 조명환경관리구역(제1종~제4종) 구분은 측정 대상 조명(전광류 광고물)이 설치되어 있는 지점의 조명환경관리구역(지자체 지정)을 기준으로 적용한다. 즉 빛공해 발생지점이 제3종 조명환경관리구역이고, 빛공해 유발 전광류 광고물 설치지점이 제4종 조명환경관리구역인 경우 빛방사 허용기준은 제4종 조명환경관리구역 기준값(1,500 cd/m², 24시 이전)으로 적용된다. 표 5.22는 「인공조명에 의한 빛공해 방지법」 시행규칙 별표 제2호 가목의 전광류 광고물 발광표면 휘도 평균값 기준을 나타낸다.

표 5.22 전광류 광고물에 대한 발광표면 휘도 평균값 기준

구분 / 대상 조명	적용시간	기준값	조명환경관리구역				단위
			제1종	제2종	제3종	제4종	
전광류 광고물	해진 후 60분 ~ 24 : 00	평균값	400 이하	800 이하	1,000 이하	1,500 이하	cd/m²
	24 : 00 ~ 해뜨기 전 60분		50 이하	400 이하	800 이하	1,000 이하	

6장 빛공해 저감방안 및 효과

6.1 공간조명 저감방안

6.1.1 공간조명원 및 기기적 저감방안

공간조명은 도로조명, 보안조명 및 공원조명으로 분류되며, 차량의 교통소통과 보행자의 안전을 위해 설치·관리되는 공공조명이다. 도로 및 빛공해 조명기준을 만족시키면서 에너지 사용량을 줄이기 위해서는 광효율이 높고, 도로에 적합한 배광특성을 갖는 조명기구를 사용하여야 한다. 그러나 조명기구 효율이 낮은

그림 6.1 빛공해 유발형 공간조명원

경우 조명기준에 부합하기 위해 큰 용량의 램프를 사용함으로써 에너지소비를 증가시키며, 배광성능이 도로에 적합하지 않는 경우는 조명영역 이외로 빛이 새어 나가거나 특정지역에 집중되어 균제도를 만족시키지 못함과 동시에 에너지소비 증가를 초래한다. 따라서 조명기준을 만족시키는 고효율 조명기구 사용을 지향함과 동시에 침입광에 대한 대안 마련이 필요하다.

빛공해 저감을 위한 공간조명 배광의 기본원칙은 조사하고자 하는 공간 영역은 관련 기준을 충족하고 조명영역을 벗어나 조명이 불필요한 공간으로 침입되지 않도록 계획하는 것이다. 즉 조명효과로 연출되는 공간감을 적절히 조성하기 위하여 광원으로부터 발산되는 빛을 계획된 방향으로 유용하게 확산시켜야 하는 조명기구 선정이 중요하다. 유효조명영역만을 조명하기 위한 기구 성능은 광원의 특성을 고려하여 발산되는 빛을 배광하고 제어하는 기능에 의하여 결정되며 조명환경의 질과 빛공해 발생 여부를 결정짓는 중요한 요소이기 때문에 조명기구에 대한 미학적 · 광학적 이해는 필수적이다.

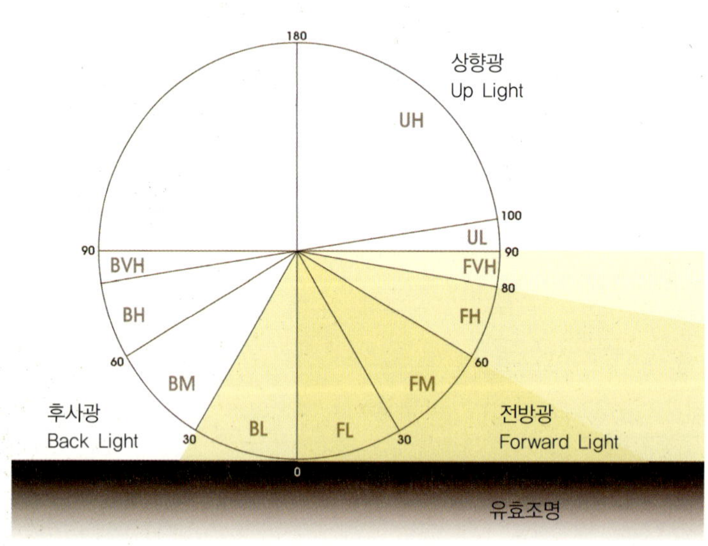

그림 6.2 방사방향과 유효조명영역

표 6.1 조명기구 배광특성의 분류

기 호	국제분류	상향광속	하향광속	역 할
	직접조명형	0~10 (%)	100~90 (%)	반사판에 의하여 한 방향으로 향하게 되어 시대상 물체의 형태와 구조, 색을 강조하며 밝은 주변 환경에서도 의도한 세부조명을 행한다. 반사된 빛은 공간의 전반조명에 기여한다.
	반직접조명형	10~40 (%)	90~60 (%)	빛을 주로 아래 방향으로 보내며 적은 양의 빛은 효과적으로 산란된다. 움직임이 많은 장소에 기본적인 밝기를 제공하는 데 쓰이며 벽면이나 천장면을 비추게 하는 것이 바람직하다.
	전반확산조명형	40~60 (%)	60~40 (%)	공모양의 유리구에서 나오는 빛과 같이 모든 방향으로 동일한 양의 빛이 분산된다. 실내의 조명강도가 일정하게 유지되나 공간 분위기 연출에 있어 특별한 시각적 강조점이 부족하다.
	반간접조명형	60~90 (%)	40~10 (%)	주로 위 방향으로 배광되는 방식으로 고출력의 전구를 이용하여 벽면이나 천장면을 향하게 한다. 큰 영역이 일정하게 밝아지게 되고 상대적으로 적은 그림자를 만들어낸다.
	간접조명형	90~100 (%)	0~10 (%)	전적으로 천장과 벽면을 향한 방식으로 업라이트 조명에 사용되며 광원이 낮은 높이에 위치하는 경우 눈부심 방지를 위해 유백색 가리개 등을 부착한다. 반사된 빛은 전반조명에 기여한다.

조명기구의 광학적 특성은 배광, 차광각, 기구효율, 상향광속, 하향광속, 기구간격 최대치, 휘도, 조명률 등과 같은 요소에 의해 결정되며, 이에 가장 기본적인 것이 배광이다. 배광이란 조명기구에서 발산되는 빛이 어느 방향으로 어느 정도로 비추어지는가를 나타내는 것으로 각 방향으로 나가는 광도를 표 6.1과 같이 분류하여 나타내고 있다. 배광분류법은 상향광속과 하향광속으로 나누어 분류하는 국제분류법이 가장 일반적이다.

조명기구의 투광방향과 배광에 대하여 북미조명공학회(Illuminating Engineering Society of North America : IESNA)에서 제시한 조명기구 분류 시스템(LCS : Luminaire Classification Systems)은 광원의 총광속 중 1,000 lm당 광도값으로 계산한 것으로 그림 6.3과 같다.

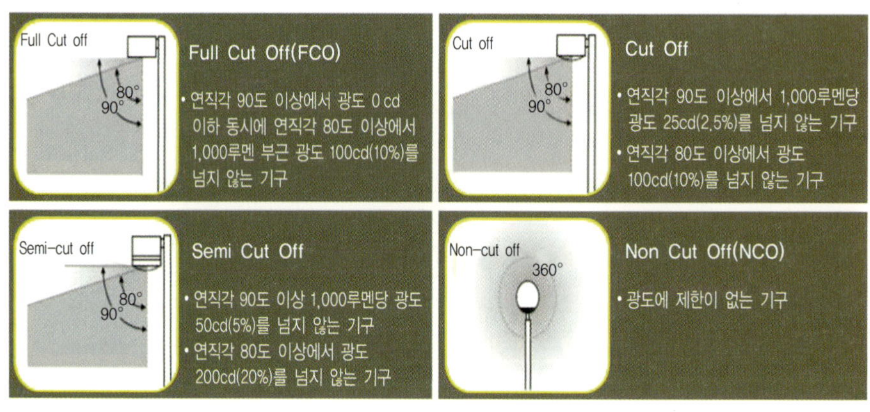

그림 6.3 북미조명공학회(IESNA)의 조명기구 분류체계

조명기구 분류 시스템(LCS)은 후사광(Backlight), 상향광(Uplight), 눈부심(Glare) 평가등급을 이용하여 조명기구의 침해광, 산란광, 눈부심 제어와 관계된 광학적 성능평가에 사용하는 것이다. 이 평가등급을 간단히 BUG(Backlight-Uplight-Glare)라고 하며, 이 계산에 따라 조명기구의 등급을 정하여 지역별로 사용을 제한하고 있다.

주요 사용각도에서 조명기구가 광원을 효과적으로 보호하는 것을 의미하는 눈부심 제한등급(Glare Limitation Class)은 적절한 조명기구 선정을 조명의 질적인 차원에서 판단할 수 있는 또 다른 기준이다. 조명기구의 외양, 장식 및 표면의 마감형태, 그리고 색채안 등은 실내장식에 지대한 영향을 미치기 때문에 디자인 특성은 조명기구를 선택할 때 고려해야 할 중요한 요인이다.

주택가 보안등으로 사용되는 논컷오프 형태의 일반적인 나트륨등기구의 경우 전체 광속량의 90 % 이상이 후사광과 전사광이며, 이중 70 % 정도는 바람직하지 않은 방향으로 투사된다. 또한 약 5 % 정도가 직접적으로 상향으로 조사되어 스카이글로우를 발생시키는 주된 요인으로 작용하고 있다.

공원조명도 전사광과 후사광의 70 % 정도가 조명을 필요로 하지 않는 영역에 방사되고 있으며, 전광속의 50 % 정도가 상향으로 투사된다. 공원조명으로 사용되는 조명기구는 대부분 논컷오프 형태의 나트륨등기구(250 W)나 메탈등(150 W)이다. 나트륨등의 경우 총광속에서 불필요한 방향으로 투사되는 전사광의 비율이 65 %에 이르며 유효조명영역의 방사율이 5 %에 지나지 않고 있다. 메탈등의 경우에도 불필요한 방향으로 투사되는 전사광의 비율이 45 % 정도이나 유효조명영역의 방사율이 5 %로 매우 비효율적이다.

최근 들어 LED등기구(75 W)의 사용이 점차 증가하고 있다. LED등기구의 경우 총광속에서 불필요한 방향으로 투사되는 전사광의 비율이 45 % 정도이며, 후사광의 경우 약 30 %의 광속이 불필요한 방향으로 방사된다.

주택가 조명 배광은 L자형, I자형, T자형, 막다른 길 등 가로형태에 따라 여러 패턴을 구사할 수 있으며, 도로구조별로 차별화된 보안등기구를 사용하면 등주 수량도 줄이면서 충분한 배광 확보로 도시미관까지 확보하면서 빛공해도 방지할 수 있다. 후사광이 전혀 없는 빛공해 없는 조명환경을 조성하기 위해 전사광쪽은 빛을 충분히 확보하고 상향광을 0 %로 줄여 산란광을 통제하는 기능적인 고효율 조명기구를 사용한다. 이와 같은 빛공해 저감형 조명기구에는 정밀한 배광제어가

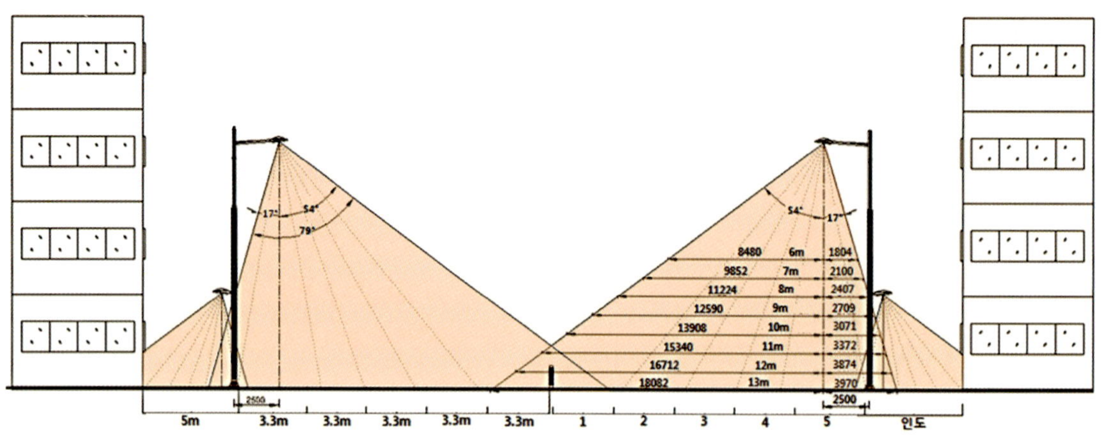

그림 6.4 빛공해 제어형 가로등 유효 배광분포도 분석

가능하여 상향광과 후사광의 발생을 효율적으로 억제할 수 있는 LED광원이 선호된다. 빛의 방향성을 형성하여 유효조명 방사율을 높이기 위한 광반사부재를 구성하는 여러 개의 반사블록 형태와 빛의 각도를 변화하는 편심반사블록과 대칭반사블록이 효율적으로 사용될 수 있다.

공원 및 산책로에 설치되는 일반적인 LED조명등의 경우 상향광 방사율은 0.5% 정도이나 나트륨등이나 메탈등의 상향광은 각각 30%와 50%로 매우 높은 비율로써 역시 스카이글로우를 형성하는 주된 요인으로 작용하고 있다.

조명의 조사각도에 따라 가로폭, 등주 높이, 등주 간격에 맞추어 도로조건과 조명의 각도별로 침입광과 상향광이 발생하지 않고 유효영역만 조명할 수 있는 배광길이를 산정하여야 한다. 그림 6.4와 같이 보도폭까지만 조사될 수 있도록 후사광의 연직가도를 제안하고 상향광속은 발생치 않도록 제어해야 한다.

이와 같은 배광제어를 함으로써 일반 가로등과 비교하여 후사광속을 약 25%로 감소시킬 수 있으며 조사각도가 높아질수록 후사광 저감 효과는 증대된다. 주거지 보안조명의 경우 후사광 각도에 따른 광속은 가로의 형태에 따라 10% 정도이며, 전사광은 90%에 이른다. 일반 보안등기구에 비하여 비유효영역의 조사율이

50~30 %로 감소되며 상향광은 기존의 2.5 %로 대폭 감소될 수 있다.

빛공해 제어형 공원등기구의 경우 후사광은 10 % 정도, 전사광은 80 % 이상, 상향광은 0.05 % 정도이며 이는 일반 공원조명기구와 비교하여 33 %의 광속이 저감된 것으로 빛공해 방지 효과가 우수하다.

6.1.2 공간조명의 계획적 저감방안

공간조명으로 인한 거주자에 대한 빛공해 피해는 침입광(Light Trespass), 산란광 및 글레어에 의해 발생한다. 대부분의 보안조명은 전후방 확산조명으로써 조명영역을 벗어나 침입광을 유발하고 있으며, 상당량의 광속이 상향으로 발산되어 산란광의 요인으로도 작용한다. 현실적으로 보안등이 설치된 대부분의 위치가 주거용 건물과 인접해 있으며 특히 가로의 폭이 작은 경우는 침입광에 의한 빛공해 우려가 매우 높다.

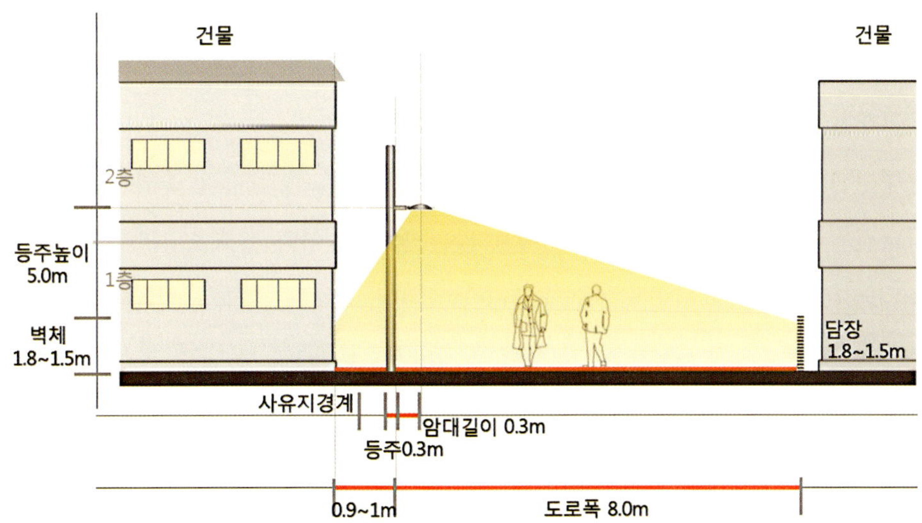

그림 6.5 주택가 보안조명의 빛공해 제어 개념

빛공해를 저감하는 공간조명은 도로의 구조, 가로의 형태, 공간의 크기 등에 적합한 조명패턴을 결정하고 조명영역은 도로종축과 가로표면의 평균휘도와 균제도를 충족시키면서 상향광, 후사광, 전사광을 일정기준치 이하로 제어해야 한다.

표 6.2 보안등 설치높이에 따른 주거지 적정 이격거리

종류 \ 높이	4M	5M	6M
확산형 보안등	2.4배 이상	1.9배 이상	1.6배 이상
가로등형(전주형) 보안등	2.0배 이상	1.7배 이상	1.5배 이상

빛공해 제어를 위한 보안조명은 대지경계와 도로경계가 접한 형태의 구조에 대한 분석과 대지경계선에 조명기구간 거리, 높이 등을 고려하여 현장여건에 적합한 유효조명영역을 산출한다. 조명기구 후면의 외벽 너머로 빛이 침입되지 않도록 후사광을 차단하고 맞은편 주택으로 침입광이 발생하지 않도록 전사광 각도를 제어해야 하며 상향광은 절대적으로 차단해야 한다.

빛공해를 저감하기 위한 가로조명은 도로폭 및 보도폭에 따라 조명기구의 배광각도 및 주변의 수목에 영향을 미치지 않는 등주 높이와 유효조명영역을 고려하여 그림 6.6과 같이 차별적으로 설계되어야 한다. 후사광은 30도 범위 내에서 보도에 맞는 광속량을 제어하고 전사광은 일반적으로 65도 정도로 유효한 배광을 설계하며 상향광은 발생되지 않도록 계획되어야 한다. 가로등의 종류 및 설치 높이에 따른 주거지의 적정한 이격거리는 표 6.3과 같다.

(a) 유효면적 배광

(b) 등주 높이 제어

그림 6.6 도로조명의 빛공해 방지형 배광제어 개념

표 6.3 가로등 설치높이에 따른 주거지 적정 이격거리

종류 \ 높이	8M	10M	12M
Non-cut off 가로등	2.0배 이상	1.7배 이상	1.5배 이상
Cut off 가로등	1.5배 이상	1.3배 이상	1.1배 이상

공원조명은 산책로를 제외한 자연녹지 생태계를 보호하도록 계획되어야 한다. 빛공해 방지형 공원등은 그림 6.7과 같이 예시할 수 있으며, 후사광은 15도 이내로 제어하고 전사광은 산책로 폭을 벗어나지 않도록 하며 상향광은 발생하지 않도록 조정한다.

그림 6.7 빛공해 차단형 등기구 일례

부적절한 공간조명으로 인한 빛공해에 대한 실질적인 저감방안은 조명의 방향 조정, 차광판이나 차광막 설치, 글로브 표면의 코팅처리, 등기구 교체 및 점멸시간 조정 등이며, 침입광 발생 원인을 표 6.4와 같이 요약할 수 있다.

표 6.4 침입광 발생원인별 빛공해 저감방안

침입광 발생원인	빛공해 저감방안
상향광(Uplight)	확산 글로브형 보안등에 상부 코팅 또는 갓 설치
후사광(Backlight)	기존 설치된 확산 글로브형 보안등에 후면 코팅처리
상향광(Uplight) + 정면광(Frontlight)	등기구의 컷오프 형태 교체 및 등기구 이설 기존 등기구의 배면 글로브를 평면 글로브 형태로 교체
정면광(Frontlight) + 확산광(Diffused light)	등기구의 방향 조정 및 등기구 이설 교체가 불가할 경우 차광판을 통한 전사광, 후사광 차단
정면광(Frontlight) + 후사광(Backlight)	LED보안등 교체 또는 등기구 각도 조절

빛공해 저감을 위한 공간조명의 중·장기 관리 방안으로는 신규 설치 및 신도시 계획의 경우 등기구 형태 및 사양에 대한 충분한 사전 검증과 침입광의 원인이 되는 글레어에 대한 시뮬레이션이 필요하다. 아울러 가로등, 보안등, 공원등의 신규 설치 시에는 등기구의 시뮬레이션을 통해 등기구의 위치, 기구높이, 기구 간의 이격거리 및 주거지와의 이격거리 조정으로 사전에 침입광 발생 여부를 분석해야 한다.

6.2 장식조명 저감방안

6.2.1 장식조명원 및 기기적 저감방안

장식조명은 명시작업을 위한 조명이 아니라 피조체의 대면이나 측면에서 투광조명 또는 광원 자체를 설치하여 조명 대상의 미관적 시인성을 높일 목적의 조명을 의미한다. 도시생활환경내 건물 자체를 조명하여 미관적 시인성을 높이고 광고 효과를 목적으로 한 장식조명은 보행자에게 빛에 의한 혼란과 불쾌감을 유발할 수 있으므로 이를 개선하기 위해서는 기존에 사용하던 연출조명기구보다 소비전력이 낮으며, 원하는 효과를 낼 수 있는 조명기구로 교체하여 빛공해를 저감하고 연간 유지보수비도 절감할 수 있다.

(a) 점조명 (b) 선조명

(c) 면조명 (d) 미디어파사드

그림 6.8 장식조명의 일반적인 계획방식

장식조명은 위락 및 숙박시설과 기타 건축물을 대상으로 사용되는 바, 장식조명이 발산하는 광속(lm)을 발광하는 면적(㎡)으로 나누어 단위면적당 발산되는 광속발산도(lm/㎡)으로 평가한다.

주변 밝기를 고려하지 않고 70 W에서 150 W의 등기구를 획일화하여 사용함에 따라 목적으로 한 조명효과가 구현되지 못하며, 에너지낭비 및 눈부심을 유발할 수 있다. LED 투광등으로 적절한 형태의 배광을 사용하여 건물의 미적 특성을 살리고 주변환경과의 조화를 이룰 수 있다. 그러나 최근 들어 LED광원을 노출시킨 장식조명이 무분별하게 사용되고 있어 빛공해의 주요 원인으로 작용하고 있다. 광원이 노출되는 경우 시인성의 극대화라는 목적은 달성할 수 있으나 빛공해를 방지할 수 있는 저감대책 마련은 극히 어려우며 에너지저감 효과도 누릴 수 없다.

미디어파사드의 경우에는 디지털 신호에 따라 밝기, 색상 등 조명의 움직임과 변화가 다양하다. 따라서 미디어파사드의 조명특성에 따른 조명기구의 점멸속도에 따른 순응시간에 관리기준, 단위면적당 Watt수 제한에 의한 발광부의 밝기 완화, 이웃한 건물과의 거리 및 조명영역, 미치는 거리, 색감의 밝기 정도, 운영시간 조정, 콘텐츠 유무 등과 같은 별도의 고려가 필요하다.

6.2.2 장식조명의 계획적 저감방안

장식조명으로 인한 빛공해를 방지하기 위해서는 조명계획의 초기단계에서 전반 확산형 조명이나 상향조명을 지양하고 하향조명을 선택해야 한다. 투광조명처럼 건물 표면을 조명하는 경우 지나친 상향을 지양하고 보행자의 시각에 자극을 주지 않는 저휘도면을 연출하여야 한다. 글레어를 감소시키기 위해서는 투사 각도가 70° 이하가 되도록 하며 가능한 비대칭 조명기구를 사용한다. 좁은 지역이나 낮은 위치에 조명을 계획하는 경우 저휘도 조명원을 사용하여야 한다.

서울 성곽에 설치된 조명의 경우, 야간에 빛 얼룩을 형성하고, 휘도 대비가 심하여 성곽의 형태를 왜곡시킨다.

그림 6.9 컷오프형 조명계획을 통한 빛공해 저감 일례 (ULP)

그림 6.10 컷오프형 조명계획을 통한 빛공해 저감 실례 (ULP)

기존에 사용하던 연출조명기구보다 소비전력이 낮으며, 목적하는 효과를 낼 수 있는 조명기구로 교체함으로써 연간 유지보수비를 절감할 수 있다.

6.3 광고조명 저감방안

6.3.1 광고조명원 및 기기적 저감방안

옥외광고물을 분류하는 방법으로 용도지역별 분류, 간판형태에 따른 분류, 조명방식에 따른 분류 등이 있다. 상업지역 내 옥외광고물 중 조명을 사용하는 간판들은 다양한 형태와 과도한 밝기로 인하여 보행자에게 혼란과 불쾌감을 유발할 수 있다. 상가가 밀집되어 경쟁하는 구조에서는 불가피하다 해도 사람에게 장기적·반복적으로 위해하다는 점에서 공공차원의 관리가 필요하다.

우리나라의 경우 전국적으로 520만 개 이상 설치되어 있는 조명광고간판은 전체 야간조명의 86.4%를 차지하며, 우리나라 전력 최대공급능력(77백만 kW)의 약 8.8%를 차지하고 있다.

광고조명도 백열등에 비해 발열이 획기적으로 적고 제작과정에서도 유리하여 40W 형광등을 간판 1개소에 10개 이상 케이스에 넣어 간판으로 제작하며 이로 인한 에너지낭비는 실로 엄청나 정부는 에너지절약을 위해 광고조명을 강제로 통제하는 정책을 펼치고 있다.

서울시의 경우 광고조명의 경우 백열등과 형광등을 사용하는 일반 전기간판이 60% 이상을 차지한다. 네온사인을 사용한 간판은 4%, 전광판은 2% 정도를 차지한다. 따라서 전기를 사용하는 간판은 총 간판 수량의 3/4 정도를 차지하고 있다. 전기를 사용하는 간판 중에서 가장 높은 비율을 차지하고 있는 가로형 간판은 총 간판 수량의 50% 이상을 차지하고 있으며, 돌출 간판 30%, 세로형 간판 7%, 지주이용 간판 6% 등의 분포를 나타낸다.

최근 들어 LED를 광원으로 사용하는 채널사인이 대표적인 간판 광고기법으로 자리잡고 있다. 에폭시를 발광면으로 이용하는 개량형 에폭시 면발광 채널사인은 일반적인 채널사인보다 상대적으로 적은 수의 LED를 사용하더라도 동일한 발광효과를 구현할 수 있어 에너지절약적인 장점이 있다.

아크릴과 광섬유를 이용한 채널사인을 개발하여 전력소모를 획기적으로 줄인 채널레터형 광고조명도 개발되고 있다. 광섬유 특유의 제어된 빛을 발광부로 활용하기 때문에 기존의 LED조명과 달리 발광도트를 노출하면서도 눈부심이 없는 장점이 있다. 또한 광섬유의 구동전력이 상대적으로 낮아 에너지절감 효과도 우수하다.

기존 광원과는 달리 방향 지향성 특징이 강한 LED광원을 광고조명 광원으로 사용하기 위해서는 파장 대비 투과율, 반사율, 채널 형상, 커버의 컬러 등이 고려되어야 한다. 확산판이 구비된 LED 광고조명의 사용이 늘어나고 있는 바, LED광원의 직진성을 굴절시켜 목적하는 영역에 조사하는 배광적 장점이 있으며, 또한 광원이 직접 눈에 조사되는 것을 방지하여 잠재적인 글레어 발생을 예방할 수 있다.

광고조명의 밝기를 제한할 수 있는 현실적 대안으로 면적에 따른 소비전력을 제한하는 방법이 있다. 사용조명에 따른 간판 면적의 적정 밝기를 권장할 수 있는 기준을 마련한다면 과다한 빛에 의한 빛공해뿐만 아니라 소비전력에 있어 광고조명 에너지를 절약할 수 있다.

6.3.2 광고조명의 계획적 저감방안

광고조명에 의한 빛공해를 방지하기 위하여 각 지자체는 빛공해 시행 규칙과 국제조명위원회(CIE)에서 제시한 최대 표면휘도값, 평균휘도값 등의 기준을 바탕으로 옥외광고조명을 규제하고 있다. 광고조명에 의한 빛공해 유발은 이미 설치된 이후에 규제하는 것은 비효율적이므로 광고조명원이나 기구에 대한 시험평가를 통하여 예방적 관리를 시행하여야 한다.

광고조명의 계획에 있어 90% 이상이 내조방식의 플렉스형 형광등 간판형태를 지향하고 있어 빛에 과다하게 노출될 수밖에 없다. 플렉스형과 같은 내조방식 광고조명의 경우, 광고판 후면부에 다수의 형광등을 설치하여 광고판 표면 전체가 발광하도록 한다. 이러한 조명방식은 높은 소비전력을 필요로 하고 과다한 휘도를 형성한다. 즉 내조형은 외조형에 비하여 상대적으로 최대 표면휘도값이 높지는 않지만 광고면적이 넓어져 과다 조명의 불합리와 산란광 등의 빛공해 발생 가능성이 크며, 조명에너지낭비와 인체에 시각적인 피로감을 유발한다.

외조형 광고조명의 경우, 광원이 시야 내에 직접 노출되어 고휘도를 형성하여 글레어 등의 빛공해를 야기한다. 특히 자체 발광형식의 네온류 및 전광류는 직접적으로 사람의 눈에 광원이 노출되어 눈부심 및 불쾌감을 유발할 수 있어 정밀한 계획이 필요하다.

그림 6.11 플렉스형 광고조명의 일례

필요한 부분에서만 발광하는 광고조명을 계획하는 경우, 표면 전체에 광원을 사용하는 방식에 비하여 조명에너지 사용량을 줄일 수 있을 뿐만 아니라 시인성 높은 광고효과를 동시에 기대할 수 있다. 특히 간접조명방식의 경우, 눈부심 없이 광고의 효과를 증대시킬 수 있다. 이와 같은 장점을 구현할 수 있는 광고조명으로 채널레터방식이 있다.

채널레터형 광고조명원은 건물의 내부에서 전원이 연결돼 전기장치 및 부속기기들이 건물 내부에 설치되어 건물 외부면에는 채널사인 자체만 보이게 하여 광고조명 목적물이 매우 집중될 수 있다.

채널레터는 조명의 설치 위치에 따라 전광방식, 후광방식, 양면방식으로 나뉜다. 90% 이상의 채널레터 광고조명이 채택하고 있는 전광방식은 채널레터 내부 뒤쪽에 광원을 부착하므로 빛이 앞으로 표출될 수 있도록 설계하며, 전면에 시트를 채용하거나 필름을 부착하는 방식이다. 후광방식은 채널레터 내부 앞쪽에 광원을 부착하여 빛이 뒤쪽에서 발광할 수 있도록 한 방식이며, 양면방식은 채널 중심에 광원을 부착하므로 빛이 앞쪽과 뒤쪽 모두에서 표현되도록 한 것이다.

플렉스형 광조조명기구는 물론이고 채널레터형 광고조명의 경우에도 대부분 확산판이 전면에 설치돼 경우가 많다. 확산판의 경우 배광형태가 상향과 하향으로 반분되어 상향광으로 인한 빛공해의 원인으로 작용하고 있다. 하향 편배광의 비확산형 광고조명기구 개발 및 사용이 빛공해를 저감할 수 있는 기구적 방안으로 대두되고 있다.

빛공해 저감의 조명계획을 위해서는 기본적으로 내조형 및 외조형태의 직접조명방식 사용을 자제하고, 채널레터형 조명방식과 같은 효율적인 광고조명 방식이 적극 도입되어야 한다. 내부 조명방식을 사용하는 경우에는 발광 부위를 주요 문자나 도형 등에 국한시키고 조명의 점멸 및 광원의 노출은 지양해야 한다.

6.4 생산 녹지조명 저감방안

도심지와 주택의 도로변을 제외하고는 대부분의 도로 주변에 농경지가 분포되어 있다. 도로 주변의 가로등과 주유소, 광고탑 주변의 선전광고등의 설치로 야간조명이 발생하고 있다. 야간조명에 의한 농작물 피해를 최소화시킬 수 있는 방안으로 시설측면과 농작물 재배측면으로 나누어 생각할 수 있다.

6.4.1 시설측 저감방안

시설측면에 가장 좋은 방법은 농작물이 야간조명의 피해를 일으키는 수준 이하로 밝기를 낮추어 주는 것이다. 시금치와 들깨는 2 lx에서도 피해가 크지만 대부분의 농작물은 2~5 lx 정도에서 피해를 받기 시작한다.

조명등의 불빛 방향을 농작물의 반대쪽으로 향하게 하거나 각도와 높이를 알맞게 조절하고, 조명등에 갓을 씌워서 가급적 농작물에 빛이 적게 쪼이게 한다.

일반적으로 산업도로와 같이 넓은 도로에 설치된 가로등의 경우 높이 10~12m에 400 W 나트륨등을 설치했을 때 가로등 바로 밑 지상의 1m 높이에서는 30~50 lx 정도가 되며, 가로등에서 10m가 떨어지면 6~8 lx 정도가 되어 농작물에 피해를 주고 있다.

조명등의 간격을 넓게 설치하거나 너무 밝은 광원을 사용하지 않는다. 동일한 밝기라 하더라도 빛의 파장(광원)에 따라 농작물의 반응이 다르므로 농작물에 비교적 영향이 적은 광원을 선택하여 설치한다. 광원의 종류에 따라 불빛의 색이 각각 다른데, 푸른색이 나오는 수은등과 흰색이 나오는 백열등, 유백색이 나오는 형광등, 주황색이 나오는 나트륨등이 있으며, 이 중 나트륨등이 작물에 비교적 영향이 적은 것으로 알려져 있다.

농작물은 어느 생육시기에 야간조명을 하느냐에 따라서 반응이 각각 다르다. 특히, 화아형성기에 야간조명의 피해가 큰 편이며, 영양생장기와 개화기 이후에는 피해 정도가 적은 편이다. 벼는 이삭 패기 전 7~40일경(6월 하순~8월 중순)에 야간조명에 의한 피해가 크며, 콩은 화아분화기에 피해가 크므로 이처럼 피해가 심한 시기에는 불을 끄거나 격등(가로등을 한 개씩 건너뛰어 불을 켜줌)으로 불빛의 밝기를 낮추어 준다.

6.4.2 재배측 저감방안

야간조명이 실시되는 농경지에서는 가능하다면 고추, 토마토, 강낭콩 등과 같이 피해가 적은 중일성 작물을 재배거나 잎들깨와 같이 야간조명이 필요한 작물을 재배하는 것이 안전하다. 농경지 및 농가의 여건이 식량작물을 재배할 수밖에 없는 조건이라면 비교적 야간조명의 피해가 적은 작물을 선택하여 재배한다.

벼 및 콩은 만생종의 품종보다는 조생종의 품종을 재배하거나, 가급적 빛에 둔감한 품종을 재배한다. 벼의 중생종 중에서도 광안벼는 빛에 민감한 편이며, 안산벼는 둔감한 편이고, 중만생종 중에서 일품벼는 민감한 편이며, 추청벼는 조금 덜 민감한 편이다. 야간조명이 실시되는 논에서는 조생종 벼를 재배할 경우 피해를 최소화시킬 수 있으며, 다른 작물과 2모작도 가능하므로 작부체계를 시도해볼 필요가 있다.

보리는 파성이 낮은 품종(강보리)보다 높은 품종(서둔찰보리, 올보리)을 재배하고, 밀은 만숙종보다는 조숙종 품종을 재배하면 피해를 줄일 수 있다.

들깨는 종실용의 품종보다는 잎 전용 품종을 재배하여 잎을 수확하며, 야간조명이 실시되는 곳에서는 종실용 품종의 재배를 자제한다. 특히, 식량작물 중에서 들깨는 빛에 매우 민감한 편이며, 시금치는 들깨보다도 더욱 민감하므로 야간조명이 실시되는 주변에서는 재배를 하지 않아야 한다.

6.5 빛공해 저감 효과

빛공해로 인한 환경적 문제는 조명에너지의 과소비와 이로 인한 CO_2 배출량 증가로 요약될 수 있다. 지금처럼 빛공해 유발형 과조명이 방치되면 2030년에는 조명에 소비되는 전기에너지의 양이 80% 이상 증가된다는 국제기구 보고가 있다. 미국의 경우 과조명을 억제하면 연간 10억 달러 이상의 전기에너지 절감 효과를 도모할 수 있고, 일본의 경우 옥외조명시 상향광을 관리하면 야간조명 에너지의 18%를 감소시킬 수 있다는 예측도 있다.

최근의 한 연구에 의하면 적정한 조도와 조명영역 관리를 시행하는 경우 건축물 조명의 경우는 37.5%, 가로등의 경우는 46.5%의 전기에너지를 절감할 수 있다.

가로등 및 보안등의 광원으로 주로 활용되는 확산형 나트륨등 및 메탈핼라이드 광원의 경우는 방사형 배광으로 하부의 조명영역 조도는 낮아 상대적으로 높은 소비전력의 조명기구에 적용하고 있으며, 이로 인한 에너지소비량은 증가한다. 아울러 후사광으로 인하여 인근 주거공간으로 침입광이 형성되어 차광판이 설치된 기구의 경우가 많다.

(a) 기존 메탈등 조명

(b) 고효율 LED등 조명

그림 6.12 서울 성곽의 빛공해 저감형 장식조명 개선 효과(ULP)

공간조명원으로서 LED등 이용은 광원특성에 따른 직진성에 따라 균제도 및 눈부심에 대한 문제에도 불구하고, NH 및 CMH 가로등에 비하여 상대적으로 높은 에너지 절감 효과와 CO_2 배출량 감소의 장점으로 인하여 대체조명원으로 급부상하고 있다. 최근 수행된 빛공해 저감기술이 적용된 LED 공간조명기구를 시범 설치한 효과를 실측 및 분석 결과에 따르면 나트륨 조명기구를 CDM 조명기구로 교체한 경우 약 50 %의 에너지 절약 효과와 배광 제어를 통한 빛공해를 방지할 수 있는 것으로 나타났다. 컷오프형 LED등기구로 교체하여 빛공해를 유발하는 상향광, 전사광, 후사광은 크게 감소되었고, 상향광으로 인한 빛공해 가능성은 거의 없는 것으로 나타났다.

서울시의 경우 고효율 LED조명으로 교체하는 경우, 연간 2,946 MWh이던 20개 자치구 총 에너지 사용량이 1,281 MWh로 약 56.5 % (1,665 MWh) 감소되며, 석유 환산톤으로 연간 383 TOE의 절감 효과가 있다.

표 6.5 LED조명원을 이용한 조명에너지 절감 일례

구분	주요광원	소비전력 [W]	일일 점등시간 [h]	소요용량 [kw/h]	연간 전력요금 [원]
기존 조명	메탈핼라이드	150	4	1,419	46,786,467
개선 조명	LED	50	4	473	17,126,056

최근 서울 성곽의 장식조명은 빛공해 유발 가능성을 감소시키고 효율적인 조명을 하기 위하여 기존의 메탈등 (150 W) 에서 저전압LED등 (50 W) 으로 교체한 경우 표 6.5와 같이 연간 소비전력은 66 % 절감되었다.

7장 서울시 빛공해 실태 및 관리방안

7.1 서울시 빛공해 실태

7.1.1 공간조명 실태

인류는 밤에도 낮처럼 생활을 안전하게 하기 위해 빛을 필요로 한다. 그러나 빛을 과도하게 사용하는 밝은 빛은 인간의 삶이나 동·식물의 생장, 그리고 자연환경 특히 밤하늘에 별을 관측하는 데에는 결코 바람직하지 않다. 그림 7.1은 서울의 강변북로로써 광진구 광진교에서 성산대교를 거쳐 자유로로 이어지는 서울의 주요 간선 횡축도로망이다. 이 도로를 이용할 경우 한강의 아름다움과 야경을 즐길 수 있다. 강변에 설치된 도로조명은 경관조명이면서 밤의 도로교통을 원만히 소통시키는 역할을 하는 빛이다. 한강변 도로조명은 편도 6차선 왕복 12차선으로 국내조명기준인 KS A 3701 도로조명기준에 못 미치며 특히, 빛공해 측면에서 본다면 상향광 0.23 %, 후사광 39.79 %로 에너지낭비적 요소가 있는 조명이다.

표 7.1 도로조명기준 (KS A 3701)

도로등급	구분			눈부심 지수
	노면평균휘도	종합균제도	차선축균제도	
M2	2	0.4	0.7	10 % 이하

여기서 상향광이 0.23 %이지만 강변북로의 조명은 유효도로 영역을 벗어난 30° 이상의 조명은 사실상 허공에 분산되는 빛으로 상향광은 0.23 %에 후사광 39.79 %

를 합친 값으로 보아도 무방할 것이다. 또한 눈부심도 도로조명기준값 10 %보다 13.98 %나 많은 23.98 %로 과도하게 발생시켜 도로상에서 자동차를 운전하는 운전자의 불쾌지수를 높여 안전운전에 방해가 되고, 운전자의 시신경감응 정도에 따라 사고로까지 이어질 수 있는 환경적 요인을 갖고 있어 원활한 교통 흐름을 위해서는 시설개선이 요구된다.

프랑스 리옹시의 필립스 조명필드테스트장의 연구 결과에 의하면 도로상에서 균제도가 규정치 이하로 되면 밝은 곳과 어두운 곳의 노면휘도 대비로 말등의 얼룩무늬처럼 밝았다 어두웠다를 반복하여 사물을 관찰하는 동공의 운동량이 많아져 운전 중 졸음을 동반하고 사고로까지 이어질 수 있다는 위험성을 경고한다. 우리나라의 조명실태도 이와 다르지 않다.

이는 비단 도로조명에서만 적용되는 것이 아니다. 주택가 골목길과 산책로 등에서도 부적절한 조명계획과 설치로 인하여 노면의 평균조도는 매우 낮다. 나트륨등 100 W의 경우 총광속량 14,000루멘 중 5.97 % 가 상향으로 빛을 허공으로 분산하고 있다. 유효 공간조명을 포함한 빛이 94 %이지만 이중에서 66%는 불필요한 영역에

그림 7.1 강변북로 도로조명

투사되는 허실조명으로 조명을 하지 않아도 되는 곳으로 방사되는 빛이다.

이렇듯 부적절한 한강둔치 조명과 강변북로 도로조명을 비롯한 우리나라 대부분의 공간조명은 과도한 빛과 영역을 이탈한 빛방사로 에너지를 밤새도록 허공에 날리는 결과를 매일 반복하고 있는 부적절한 빛일 뿐 계획단계에서 현장 상황을 전혀 고려하지 않고 설치된 사례가 많다. 시민이 안전하고 평온해야 할 빛환경과는 괴리가 있는 소통부재의 빛공간이며 공공조명으로서 그 기능을 다하지 못하는 빛의 역습이다. 공간조명은 공공의 편익을 위한 안전한 빛이고 쾌적한 빛이며, 온화한 색온도를 더해 마음까지도 평온한 빛으로 총체적으로 도로 운전자, 산책하는 사람 등 서로 교통하고 소통하는 공간이다. 즉 자연광과 대비되는 인공빛은 사회 공동체의 안전과 삶의 질을 높이는 밤의 빛으로 빛다워야 한다.

7.1.2 장식조명 실태

사람들은 인간이 만들어 놓은 빛을 보는 순간 그에 대한 감성이 저절로 형성되는 것처럼 저녁노을진 후 밤환경은 매우 평온하다. 이러한 빛은 어떻게 만들어질까. 유감스럽게도 기존의 장식조명은 이런 물음에 자신 있게 답하기는 곤란할 것이다. 그동안 조명디자이너들은 건축환경, 조명이 자지하는 재성여선, 계획의 독창성 등 여러 가지 환경조건 때문에 디자이너의 의도대로 조명계획을 수립 · 시행하는 데 많은 어려움과 제약이 있었다.

장식조명의 경우 조명디자이너와 무관하게 건축물계획은 건축사와 건축주가 계획하고 준공단계에서 행정청의 건축허가 조건이나 기타 사유로 인해 마지못해 장식조명을 하거나 흉내만 내는 정도의 수준에 머물다보니 조명설치의 여건이 맞지 않고 특히, 조명기구를 외부에 노출되지 않도록 숨기고 배치할 공간이 없다는 것이 문제였다. 그 결과 건축물 준공시 야간경관이 조악하고 눈부심 등 빛공해와 시각적 공해를 유발하여 도시 전체의 경관가치를 훼손하는 결과의 연속이었다.

그림 7.2 강북구 수유동 소재 모텔 등의 장식조명

여기에는 건축주의 조명에 대한 이해 부족에서 오는 문제도 많았을 것으로 생각된다. 특히 일부 자치단체의 장은 전문가의 고견을 무시하거나 해외에서 보고 온 견해와 귀동냥으로 얻은 얕은 지식을 근거로 원색적인 조명을 설치하도록 하는 등 빛이 갖는 고유의 특성을 무시한 채 조성된 조명환경을 만들어 놓은 과거의 경관조명 설치 사례를 상당히 볼 수 있다. 그리고 조명디자이너의 조명대상물에 대한 기획의 관찰성이 부족한 면도 지적하고 싶다. 즉 조명을 하고자 하는 목적과 배광을 위한 영역을 건축구조나 시설물의 구조적인 면을 면밀히 분석하고 빛의 그림자와 입체적인 빛의 구현을 통해 감성적이며 예술적 관점에서 충분한 고려가 미흡한 점이 더 큰 문제점이다.

조명의 실태가 이렇다 보니 건축물이나 시설물의 장식조명은 대부분 경관성이나 도시의 성격, 심미성 등은 고려할 여지도 없이 조명하기 쉽고 간편한 옥탑부만 조명을 설치하는 세태로 자리매김한 조명이 한 시대를 기록했다고 볼 수 있다. 여기서 우리가 시감으로 느끼는 것은 빛의 문화로서의 소통이 아닌 불통이다. 밤의 문화는 하루 일상에서 지친 몸과 정신을 퇴근길 혹은 집안에서 창밖을 보는 순간 아름다운 빛의 감성이 정서를 함양하고 그 속에서 마음의 안정을 가져와 하루의 또 다른 일과를 새롭게 하고 건강하고 활력 넘치는 일상과 경제활동을 즐겁게 하는 환경을 조성하는 것이 밤의 문화를 만드는 심미적이고 정체성 있는 장식조명의 빛이 아닐까

그러나 이런 긍정적인 빛의 문화는 없고 혼란스러운 장식조명으로 인한 국적 없는 빛은 어디에서 왔는지 그 정체가 불분명하고 시민과 자연환경에 피로감을 가중시킬 뿐 아름다움도 감성도 표현하지 못하는 경관으로 인해 도시의 밤은 산만하고 유치하다.

세계 경제 10위권인 한국의 도시 품격은 프랑스 리옹시를 비롯한 어느 도시에 비해 그다지 아름답지 못하다. 서울시에서는 2009년 야간경관 가이드라인을 제정하고, 2010년 빛공해 방지 및 도시조명관리 조례가 제정되어 이제 막 빛을 통한 밤의 문화를 만들어 품격 있는 도시를 건설하는 초기 단계로서 앞으로 갈 길은

그림 7.3 부조화로 인한 시각적 빛공해 유발의 옥탑조명

그림 7.4 상업건축물의 빛공해 유발 사례

멀기만 하다. 설상가상으로 에너지난이 겹쳐 경관조명도 소등해야 하는 실정이고 경관조명계획 및 설치도 정지상태에 있다보니 기존에 부적절하게 시공된 조명은 정비할 여건이 되지 못하고 공공 분야는 물론 민간 분야의 경관조명도 좋은빛환경을 만들어가는 데 어려움이 클 수밖에 없다. 이렇듯 민간 분야에서 경관조명의 수요가 없으므로 조명설치의 규제도 없는 법적인 사각지대의 틈을 이용하여 건축물 벽에 LED조명으로 물방울 흘림의 조명과 문주조명만을 하여 시각적 유인책을 강구한 신종 광고조명이 난무하는 실정이다. 2013년 12월 서울특별시 빛공해 방지 및 좋은빛형성 관리조례 개정시 이러한 조명기구를 조례에 반영하였으나 시민의 권리의무 부과라는 규제에 제동이 걸려 조례에 반영하지 못했으나 점진적으로 사회공동체의 동의가 필요하다.

7.1.3 광고조명 실태

대기업에서 중소기업, 소규모 상업시설에 이르기까지 광고조명은 상업적 목적의 광고효과를 극대화하기 위해 건물의 조명보다 더 경쟁적으로 밝아지고 현란한 빛의 자극을 가져오고 있지만 옥외광고물 등 관리법에는 빛의 밝기와 색상은 자치단체의 조례로 정한다고 명문화되어 있다. 그러나 이 규정을 보다 세분화하고

그림 7.5 무분별한 광고게시판 사례

명확히 하기 위한 조례는 서울시를 제외한 대도시는 물론 소도시에도 규정되어 있지 않다. 이 결과 그동안 형성된 광고조명은 도시를 시각적으로 불편하게 하고 에너지 낭비 또한 비효율적인 조명기구로 인공조명에 의한 빛공해 방지법 제정 및 빛공해 방지를 위한 정비대상 시설 설문조사를 한 결과 정비대상 우선순위에 있다. 그만큼 간판조명시설이 무질서하고 도시에서의 품격을 극히 저해하는 빛의 요소로 부적절한 사적 시설물이면서 공적 공간을 구성하는 시설물임을 인식시켜 주고 있다.

지금까지의 광고조명은 간판의 규모, 수량, 설치장소 등에 국한하여 규제를 받아 왔다. 이제 광고물도 크기, 글자모형, 빛에 의한 광고인식이 시인성과 효율적인 재질과 디자인으로 교체되고 있어 전기사용량과 밝기 등 빛공해가 없는 바람직한 방향으로 다가가고 있지만 색상과 휘도는 밤의 빛환경 측면에서 볼 때 개선해야 할 점이 많다.

건축물의 품격과 상업적인 면을 고려하면서 밤의 환경을 온화하게 하기 위해서는 도시의 경관을 종합적으로 고려한 경관조명기획을 통해 건축물 전체에 대한 빛환경 수립과 블록단위의 빛 형성관리 계획을 기조로 광고효과는 물론 밤의 가치를 높여 관광인프라를 새롭게 정립할 때라고 보며, 빛의 레벨은 인공조명에 의한 빛공해 방지법 시행규칙 제6조 제1항에 관련하여 빛방사 허용기준을 준수하여 조명계획을 수립하고 심의를 통해 빛공해를 저감하는 데 우선하여야 한다. 또한 색상에 관해서는 도시의 주간경관과 야간경관의 조화와 도시의 디자인 정책방향과도 일맥상통하게 빛과 색의 명암을 통해 도시의 특성을 잘 나타내게 하는 계획이 요구된다. 시각적 빛공해는 도시 전체를 저급하게 만든다. 간판은 도시의 얼굴이다.

표 7.2 점멸 또는 동영상 변화가 있는 전광류 광고물

<table>
<tr><th rowspan="2">구분
측정기준</th><th rowspan="2">적용시간</th><th rowspan="2">기준값</th><th colspan="4">조명환경관리구역</th><th rowspan="2">단위</th></tr>
<tr><th>제1종</th><th>제2종</th><th>제3종</th><th>제4종</th></tr>
<tr><td>주거지
연직면조도</td><td>해진 후 60분 ~
해뜨기 전 60분</td><td>최대값</td><td colspan="3">10 이하</td><td>25
이하</td><td>lx
(lm/㎡)</td></tr>
<tr><td rowspan="2">발광표면 휘도</td><td>해진 후 60분
~ 24 : 00</td><td rowspan="2">평균값</td><td>400
이하</td><td>800
이하</td><td>1000
이하</td><td>1500
이하</td><td rowspan="2">cd/㎡</td></tr>
<tr><td>24 : 00 ~ 해뜨기
전 60분</td><td>50
이하</td><td>400
이하</td><td>800
이하</td><td>1000
이하</td></tr>
</table>

표 7.3 기타 조명기구

<table>
<tr><th rowspan="2">구분
측정기준</th><th rowspan="2">적용시간</th><th rowspan="2">기준값</th><th colspan="4">조명환경관리구역</th><th rowspan="2">단위</th></tr>
<tr><th>제1종</th><th>제2종</th><th>제3종</th><th>제4종</th></tr>
<tr><td>발광표면
휘도</td><td>해진 후 60분 ~
해뜨기 전 60분</td><td>최대값</td><td>50
이하</td><td>400
이하</td><td>800
이하</td><td>1000
이하</td><td>cd/㎡</td></tr>
</table>

인공조명에 의한 빛공해 방지법 시행규칙 별표(빛방사 허용기준)

7.2 서울시 빛공해 관리방안

7.2.1 빛환경관리구역 지정 및 조명계획 수립

도시의 조명이나 지방의 농가, 어촌, 골프장 등 운동시설의 조명을 계획할 때 고려 대상으로 전체에 대한 기획과 권역별 계획, 그리고 조명을 하고자 하는 대상물의 조명계획을 마지막으로 검토하게 된다. 그러나 조명계획 시 이러한 점들을 고려의 대상으로 포함한 것은 최근의 일이다. 서울시는 2008년부터 빛공해 방지에 대한 대책 수립과 준비를 거쳐 2010년 7월 15일에 서울특별시 빛공해 방지 및 도시조명관리 조례를 제정하고, 2011년 1월 21일 동 시행규칙을 제정 · 공포함으로써 빛을 조명환경관리구역별로 체계적으로 관리하게 되었다

서울시가 전국 최초로 빛공해 방지 조례를 제정하여 지정한 조명환경관리구역 지정내용을 보면 제1종 조명환경관리구역은 사실상 조명을 할 수 없는 지역으로 예를 들면 북한산(삼각산) 국립공원과 같은 산림지역이 이에 해당된다.

그림 7.6 북한산 도시자연공원(서대문구)

그림 7.7 농경지 및 공원 사진(은평구 진관동 습지, 주 · 야간)

제2종 조명환경관리지역은 공원녹지, 농경지 등 도시공원 지역으로 건축물 표면휘도는 5 cd/m² 이하이고 상향광속률은 5 % 이하로 규정하고 있다. 다만, 제1종 조명환경관리구역의 취락지역이나 시설지역은 도시공원지역의 제2종 조명환경관리구역에 맞게 빛환경을 계획할 수 있다.

제3종 조명환경관리구역은 주거지로 빛방사 허용기준은 10~15 cd/m² 이하이고 상향광속률은 10~15 %이다. 제4종 조명환경관리구역은 준주거지역이나 준공업지역 내의 상업기능이 있는 지역으로 빛방사 허용기준은 20 cd/m² 이하이고 상향광속률은 20 % 이하로 규정하고 있다. 제5종 조명환경관리구역은 상업지역으로 빛방사 허용기준은 건축물 표면휘도가 25 cd/m² 이하이고 상향광속률은 25 % 이하로 규정하여 빛을 관리하고 있다. 또한 관광특구인 명동, 동대문역사문화공원 등의 지역은 제6종 조명환경관리지역으로 빛방사 허용기준을 완화하여 운영하고 있으며, 이 지역의 빛방사 허용기준은 30 cd/m² 이하이고 상향광속률은 30 % 이하로 규정하여 야간에 보다 창의적인 빛문화 형성을 통해 관광객 유치 등 지역사회의 상권 활성화에 기여토록 배려한 빛환경을 차별화하여 운영하고 있다.

7.2.2 빛공해방지위원회 운용

서울시가 빛공해 방지 및 도시조명관리 조례를 제정하기 전인 2010년 7월 15일 이전에는 경관조명 설치를 장려하기 위해 건축물, 시설물의 경관조명에 대해 디자인에 대한 경관심의를 하였으나, 민간 부문의 건축적 경관미를 야경을 통해 표출하고자한 결과 아름다움보다는 오히려 혼란스런 경관을 연출하게 되었고, 이 과정에서 빛공해를 통제하지 못해 대부분의 경관조명은 옥탑부만 조명을 하거나 특정 구조물에 한해 조명을 설치하는 데 그쳐 오늘날과 같은 도시의 야경이 저하된 원인을 생성하게 되었다. 그러나 2010년 7월 15일 이후부터는 빛공해방지위원회가 별도로 구성되어 조명디자인 분야, 기술사, 조명기구 제조 분야, 광학 분야, 조명연구원 등 다방면의 전문가가 참여하여 빛공해를 예방하는 근본적인 구도에서 주변 환경을 분석하고 도로조명, 산책로조명, 녹지공간조명, 건축물조명, 시설물조명 등 빛환경 전반에 걸쳐 사적 공간의 조명이 공적 공간의 빛환경을 침해하지 못하도록 빛공해 방지심의를 강화하였다. 즉 조명을 설치하기 위해서 건축물 관리자 또는 조명을 설치하고자 하는 자는 조명환경관리구역에서 빛방사 허용

표 7.4 야간의 빛환경분석 자료 (서울시 빛공해 방지 조례)

구 분	시 설 규 모
1. 건축물	연면적 2,000 ㎡ 이상 또는 5층 이상의 건축물, 공공청사
2. 공동주택	20세대 이상 공동주택
3. 구조물	교량, 고가차도, 육교 등 콘크리트구조물 및 강철구조물 등
4. 도로부속시설물	가로등, 보안등, 공원등 등
5. 주유시설	주유소 및 석유판매소, 액화석유가스 충전소 등
6. 미술장식	문화예술진흥법 제12조에 따른 "미술장식" 중 외부공간에 설치하는 미술장식 「서울특별시 동상 · 기념비 · 조형물건립기준 등에 관한 규칙」에 의한 심의대상
7. 미디어파사드	미디어파사드 및 컨텐츠(신설 · 개량 등)

기준에 맞게 조명계획을 수립하고, 서울특별시 빛공해방지위원회의 심의를 득한 후 조명을 설치해야 하는 규정이 있기 때문이다.

이 위원회의 심의를 득하기 위해서는 빛환경계획 수립의 목적과 영역은 물론 도시 전체에 대한 시정부의 경관정책과 권역별 도시의 특화, 조명 대상건축물의 차별성 등을 종합적으로 조사·분석하고 가장 적절한 조명계획 컨셉을 제시하여야 한다. 조명계획(안)을 제시할 때에는 조례에 규정된 내용을 적용하고 적정한 배광을 토대로 빛환경 시뮬레이션 자료에 의한 빛공해 가늠 자료와 에너지절약 계획 및 운영계획안까지 일괄 제출하여야 한다.

이때 조사·분석 후 확정한 계획(안)은 제1종 조명을 설치할 수 없는 지역부터 제2종 공원녹지지역, 제3종 주거지역, 제4종 준주거지역으로 상업기능이 있는 지역, 제5종 상업지역, 그리고 관광특구로 조명을 완화한 제6종 조명환경관리구역에 맞게 빛방사 허용기준과 조명용도별 조명설치기준을 준수하여 계획을 수립한 (안)

그림 7.8 주간 빛환경분석 자료(서울시 도시빛정책팀)

이어야 한다. 다만, 인공조명에 의한 빛공해 방지법이 2013년 2월 2일 시행됨에 따라 2014년 조명환경관리구역이 지정·고시되면 이에 따라 조명계획을 수립하여야 한다. 이제 빛은 시민의 안전과 자연환경에 유해하지 않아야 하며, 도시의 가치와 품격을 동시에 갖추어야 하기 때문이다. 조명계획을 수립한 경우 건축주, 조명설치 시행청 등에서는 자치구 도시디자인과를 경유하여 빛공해방지위원회에 심의서를 제출하고 심의를 받아야 한다. 제출도서는 다음과 같다.

① **사업개요** : 대지위치, 건축규모, 외벽마감, 사업기간과 사업내용 등
② **대상지 현황분석** : 조명환경관리구역별 빛방사 허용기준, 주변 현황조사 내용, 야간의 빛환경 실태조사분석 자료, 동적·정적 조망 및 외부로 노출되는 빛공해 여부를 조사한 대상지 현황분석 자료
③ **조명계획** : 빛의 연출 방향성, 휘도, 조도 표출의 시뮬레이션 자료, 조경계획도
④ **기타** : 등기구 배광자료 및 연간 유지관리계획서 등

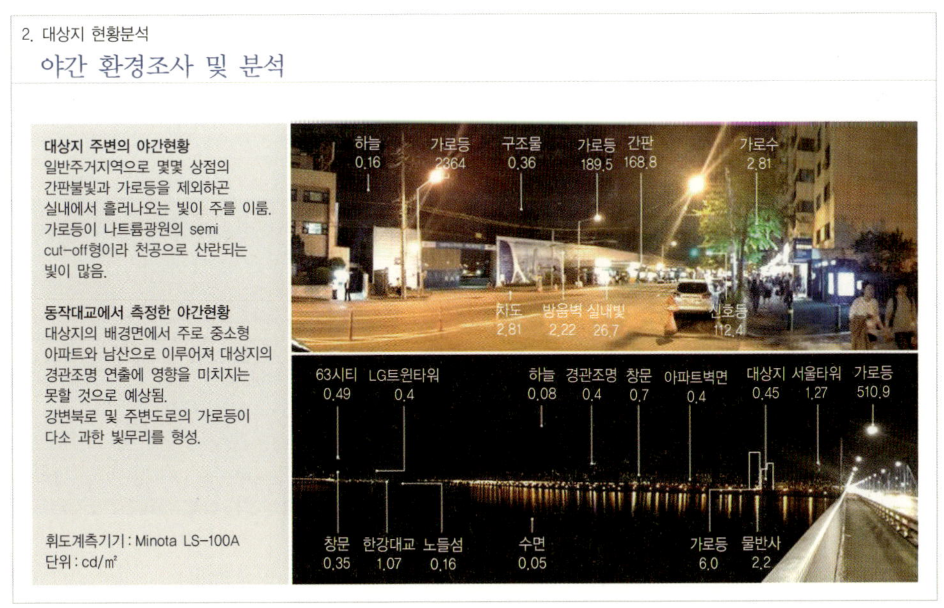

그림 7.9 야간 빛환경분석 자료(서울시 도시빛정책팀)

그림 7.10 빛공해방지위원회 심의 의결 계획안(서울시 도시빛정책팀)

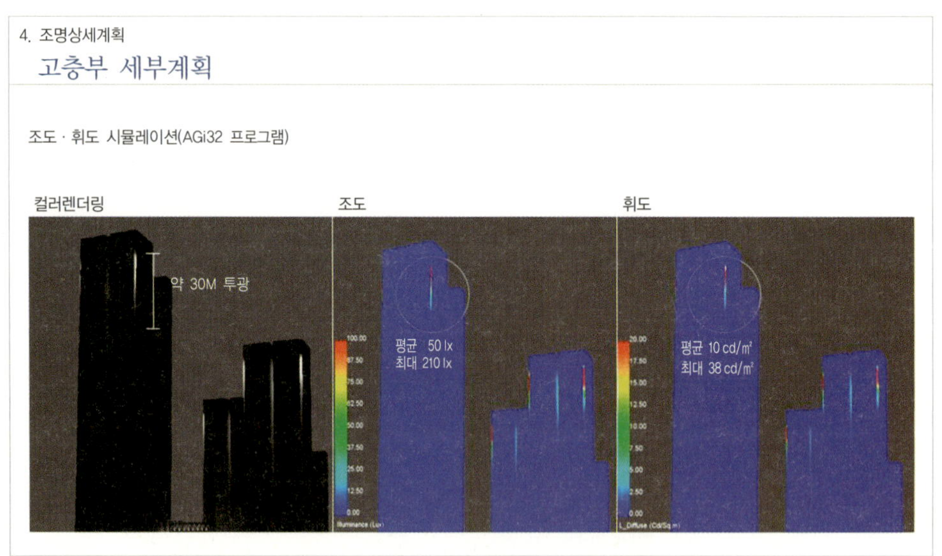

그림 7.11 조명계획에 대한 휘도, 조도 표출 시뮬레이션(서울시 도시빛정책팀)

빛공해방지위원회는 조명디자이너로부터 약 10분간 조명계획에 대한 보고를 받고 심의위원들로부터 조명계획 내용 전반에 걸쳐 심도 있는 질의답변을 통해 원안가결 또는 조건부 동의, 재심의, 부적격 등에 대한 의결을 하게 된다. 이때 원안동의와 조건부 동의를 받게 되면 좋은빛심의필증을 교부하고 조건에 따라 조명설치를 완료한 후 계획안대로 조명시설물을 유지·관리하여야 한다. 관리자가 이를 임의로 변경하여 빛관리를 할 경우 향후 인공조명에 의한 빛공해 방지법의 규정에 따라 과태료가 1,000만 원까지 부과된다.

2010년부터 2013년 5월까지 빛공해방지위원회 심의 건수는 총 531건으로 심의결과를 분석해 보면 원안동의 40건 7.5%, 조건부 동의 255건 48%, 재심의 236건에 44.5%이다. 이를 조명용도별로 분류해보면 공간조명인 가로등, 주택가보안등, 오픈스페이스공간내 공원등이 116건으로 21.8%, 그리고 장식조명인 345건 65%, 미디어파사드 예술조명이 70건 13.2%에 달한다.

원안동의가 극히 적은 이유는 조명디자이너에 의한 역량이 부족하거나 조명설계 의뢰자간 소통 부족으로 조명계획(안)이 서울시 기준과 빛공해 방지를 위한 빛방사 허용기준에 못 미치는 기획안이 조명기획자와 건축주, 설계의뢰자 간에 묵시적으로 이루어진 결과이다. 조명의 목적과 밑그림이 그려지면 어떻게 아름다운 빛을 만들어 환경을 조성하겠다는 의지와 세부적인 전략 부족이 좋은 작품을 만들어내지 못하는 요인으로 판단된다.

한편, 일부 조명업계 종사자들은 서울특별시 빛공해방지위원회의 심의가 다소 까다롭다고 하는데, 다시 생각해 보면 서울시 야간경관 가이드라인과 조례 규칙을 잘 적용하고 건축물 또는 시설물이 갖고 있는 구조나 형태를 면밀히 조사·분석하고 건축사, 건축주와의 긴밀한 협의를 통해 작품을 완성하겠다는 의지를 갖고 최선을 다해야 하는 전문화된 조명계획을 한다면 보다 나은 도시의 야간경관 환경을 만들 수 있을 것으로 사료된다.

여건이 이렇다 보니 심의를 득하기 위해 1차, 2차, 3차, 4차 심지어는 5차까지

재심의를 받은 조명계획안도 있었다. 특히 미디어캠버스의 경우 절대금지지역과 조건부금지지역이 있는데도 미디어캠버스 설치가 가능한 지역인지, 건물규모는 적정한지 사전검토 및 승인 없이 임의로 80% 정도 설치를 진행한 상태에서 심의를 통과하려는 사례도 상당수 있다. 조명계획을 하는 사람은 전문적으로 조명에 의한 환경을 절제 있고 품격 있게 형성하여 불특정다수인이 아름다운 빛을 느끼면서 마음을 움직이는 감성을 자아낸다는 소명의식이 없다면 단순히 건축허가 조건에 영합하는 수준에 머무는 허가 방안이 될 것이며 생명의 빛보다는 공해의 빛 양산을 방조하는 부적절한 생각을 이어갈 뿐 좋은빛환경 조성을 위해 도움을 주지 않는다.

7.2.3 빛공해 홍보 및 교육

저자가 2008년 서울특별시 디자인서울 총괄본부 공공디자인과에 부임했을 때 팀명이 정보매체디자인팀이었다. 당시의 경관조명디자인심의는 대체로 경관적 차원에서 조명심의가 이루어지다보니 좋은빛환경이나 빛공해 저감 및 용도별 조명에 대한 광학성능에 대한 심도 있는 심의는 부족한 상태이었다. 이에 대한 개선을 위해 도로조명에 대한 균제도 등 핵심 3요소에 대한 기준을 설정하여 자치구와 조명디자이너협회에 협조를 통해 심의 시 보다 알찬 심의도서를 제출할 수 있도록 조치하였다. 또 2009년에는 서울시 25개 자치구 조명관련 공무원을 상대로 도로조명, 주택가 보안조명, 공원조명에 대하여 사전 가상시뮬레이션을 통해 빛방사량과 노면평균휘도, 종합균제도, 차선축균제도 등 조명계획의 적정성 등을 미리 알고 도로의 주변상황 건축물, 주택, 가로수에 미치는 영향까지 조사·분석한 후 실제 설계를 하고 설치·관리할 수 있는 방안으로 현재까지 적용하였던 광속중심 설계방식을 휘도중심설계방식으로 전환하여 15일씩 2회에 걸쳐 교육과 홍보를 실행하여 조명관련 공원들이 보다 넓은 이해와 조명의 목적과 조명영역을 구분하여 필요한 조명과 불필요한 곳에 방사되는 빛의 침입광으로 인한 수면장해, 산란광

형성 등 빛공해 전반에 대한 교육을 실행하는 등 서울시 전기직 공무원을 대상으로 「도시조명과 빛공해」라는 제목으로 빛공해 발생 원인과 그 영향에 대해 강연과 토론을 하며 빛에 대한 많은 이해를 구하였다. 나아가 환경부와 공동으로 인공조명에 의한 빛공해 방지법 설명회를 전국 지방자치단체의 환경, 조명, 공원 분야 관계공무원을 상대로 여러 차례에 걸쳐 교육과 홍보한 결과 이제는 빛공해에 대한 이해도가 행정에 도입되고 조명설계자와 많은 시민에게까지 알려져 있는 상태이다.

서울시의 공무원과 전문가를 대상으로 설문조사한 결과 80% 이상이 빛공해를 알고 있으며, 이해하고 있다는 공감대를 얻었다. 이제는 서울이나 지방의 어느 도시의 조명담당공무원을 만나도 빛에 대한 이해와 빛을 잘 가꾸어 빛공해를 방지하고 좋은빛을 형성하겠다는 의지와 그 중요성을 잘 알고 있어서 그간의 노력과 빛공해 방지 조례나 빛공해 방지법 제정에 대한 보람도 느낀다. 이런 일련의 과정이 경관적으로 좋은빛형성과 건축물 및 시설물의 야경을 한층 더 아름답고 품격 있게 만들어가고 있을 것으로 생각된다. 또한 2011년 서울시와 필룩스 조명박물관이 공동개최한 빛공해 사진공모전과 2012년, 2013년 환경부와 필룩스 조명박물관

그림 7.12 빛공해 사진공모전 수상자 설명(서울시 도시빛정책팀)

물관이 공동으로 개최한 빛공해 사진공모전을 통해 빛공해에 대한 국민들의 인식이 높아졌고 빛에 대한 이해와 소중함도 많은 이들이 인식을 같이하고 있다.

필룩스 조명박물관은 하루에도 수많은 관람객이 탐방하여 빛의 체험을 통해 공해의 빛, 감성의 빛을 구분하며 좋은빛을 알고 생활 속에서 빛의 고마움을 느끼며 꼭 필요한 빛을 사용할 줄 알고 필요하지 않은 곳의 빛은 절제하는 등 미래를 이끌어갈 유소년들이 있어 향후 10년 후에는 도시나 농어촌의 빛이 아름다움을 넘어 어디서나 밤하늘에 별을 볼 수 있는 청정하늘이 되살아날 것으로 기대되는 것은 오늘의 필룩스 조명박물관의 노력과 빛공해 방지제도가 있어 그 길이 보이는 듯하다. 우리의 밤은 빛의 절제만이 지킬 수 있다. 인공조명은 우리에게 이로운 문명이지만 오남용하면 공해의 빛으로 수면방해, 생태계 교란, 농작물의 출수저하, 밤하늘의 별빛 관측저해 등 해를 불러오는 원인을 제공하기도 한다. 서울시는 빛공해 방지 조례를 좋은빛형성관리 조례로 개정하면서 3월 6일을 조명의 날

그림 7.13 필룩스 조명박물관에서 빛공해 세미나

로 지정하였다. 다만, 의회에서 심의가 보류되어 의결되지는 못했지만 현재도 추진하고 있는 매년 3월 6일날 시상하는 좋은빛상을 통해 빛공해를 널리 알리고 필요한 빛, 필요하지 않은 빛의 영역을 엄격히 하여 밤의 세상이 더 아름다워 밤이 즐거운 삶을 영위하고 자연을 보전하는 길을 열 것이다.

7.3 빛공해 개선 사례 및 효과

7.3.1 공간조명의 개선 사례

도시에서 야간의 빛환경은 그 도시를 가늠해보는 잣대로 도시의 기반은 도로조명에서 안전성, 정체성, 아름다움을 동시에 갖게 한다. 서울의 남산타워에서 보는 간선도로와 일반도로, 주택가는 확연한 차별성이 부각된다. 서울의 간선도로망은 밝은 빛으로 넘쳐나고 주택가의 빛은 화산이 터진 용광로와 같이 불타고 타다 남은 잔불 속 같다. 도시가 아름답다기보다는 무질서한 빛이 정연하지 못하다. 도시의 빛도 교통축별 색온도를 이분화하여 조성한다면 도시의 야경은 한층 더 곱고 평온한 도시의 품격은 감성적일 것이다. 또한 관광인프라 정비도 병행되어 그 도시의 정체성을 더욱 확고히 하는 효과도 얻어낼 수 있다.

공간은 우리에게 어떤 의미인가. 개인적 공간도 있고 모든 시민이 공유하는 공적인 공간도 있다. 공적인 공간에서는 공익에 반하는 행위나 시설물 설치는 법적 규제를 떠나 환경적 측면을 고려한다. 도시적이거나 어두운 공간의 환경에 맞는 현상에 부응하고 계획적으로 관리되어야 한다. 사회적 환경은 우리가 만들어가야 하기 때문이다. 도시화된 지역과 그렇지 않은 지역에서 만들어가는 환경은 사뭇 다르다. 인공조명에 의한 빛공해 방지법에서 규정하고 있는 공간조명은 도로, 주택가, 공원에 설치된 외부 조명을 전반으로 하고 있다. 하지만 도로변 상가의 영업용 조명은 고객의 구매의욕을 불러일으켜 상점 내로 유인하는 빛환경은 찾아보기 어렵고, 단순히 불을 밝히기 위해 조명을 해놓은 정도인 사적 공간의 상가조명이지만 도로환경 전반에서 보면 시민사회의 공간 개념과는 상식적으로 맞지 않다.

서울 성산대교에서 청계천에 이르는 내부순환도로 구조물은 하천과 도로 위를 통과하는 18KM의 고속화도로이지만 도시미관 또한 저해하고 있는 역기능적인 면도 있다. 서울시는 2009년 이 흉물구조물에 빛을 입혀 시민이 함께 하는 공간을 만들어 즐거움과 변화를 꾀한 좋은 사례이다. 흉물도 빛과 만나면 새롭게 태어날 수 있다. 태양이 세계의 빛이라면 서울의 빛은 한국의 빛이다. 밤의 빛에서 만큼은 말이다.

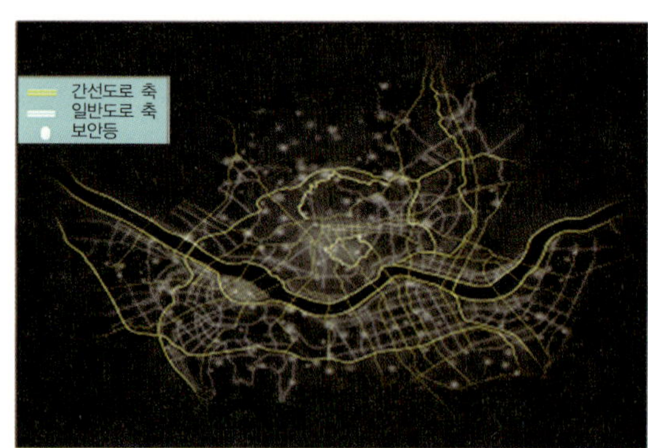

교통축별 색온도를 통한 야간 환경조성

- 간선도로 : 한강은 백색계열의 색상
- 일반도로, 보안등
  - 꽃담황토색계열로 색상 2분화
  - 시민 · 관광객에게 야간의 방향성을 쉽게 인지할 수 있도록 계획
  - 서울의 야경을 정체성 있게 조성

일반도로축 색상

간선도로축 색상

그림 7.14 도시의 도로망을 간선도로축과 일반도로축으로 2분화한 야경

1) 도로조명

도로조명을 계획할 때 조명관계자들은 도시계획도를 갖고 현장을 답사한 후 조명설계를 한다. 이때 세분한 현장에서는 가로수의 종류와 수관폭, 수고에 대한

조사 분석과 더불어 보도측의 넓이와 도로변 주택, 건축물 등에 대한 정밀조사가 이루어져야 등주배치와 암대길이, 광원의 종류, 색온도, 연색성 등에 대한 2차 검토가 이루어질 수 있다. 이후 도로조명기준에 맞는 도로등급별 노면평균휘도, 종합균제도, 차선축균제도, 눈부심지수를 도로조건에 맞게 구상하고 특히, 도로조명기준에 명시되지 않은 빛공해 저감 방안에 대한 검토를 심도 있게 분석하여 최적의 교통환경조성(안)을 기획해야 설치 후 교통 소통과 보행자편의는 물론 자연환경에 미치는 빛의 역습 등 간섭광으로부터 안전한 빛이 형성된다.

이때 산란광과 눈부심에 대하여 보다 면밀한 계획을 하기 위해서는 조명기구 리플렉터의 배광설계가 도로여건에 맞는지 기구를 선택하는 데 소홀하지 않아야 하며, 이것이 제대로 고려되지 않았을 경우 원하는 도로교통환경은 요원해진다. 이는 단순히 가로등을 교체하는 공정일 뿐이거나 또 다시 개선되어지는 행정행위이다. 다음 그림은 위에서 언급한 부적절한 사례로 도로조명기준에도 못 미치고 빛공해만 양산하는 좌측 그림과 도로조명기준을 충족시키면서 빛의 절제를 통해 빛공해를 저감하고 에너지를 획기적으로 절약한 쾌적한 도로교통 환경을 조성한 매우 좋은빛환경 사례이다.

그림 7.15 상향광 및 눈부심 등 과도한 빛(좌), 절제된 빛 조명영역을 확보한 친환경 빛(우)

2) 주택가 공간조명

주택가 골목길의 보안등은 주민이 야간생활에 불편이 없고 범죄를 일으킬 수 있는 우범화 여건으로부터 안전한 공간을 확보하는 기능이 있는 조명이다. 또한 보안등은 주택의 벽 또는 한전주에 밀착되어 있는 공공시설로 주거환경의 품격과 평온한 도시환경을 동시에 마련해 주어야 한다. 그러기 위해서는 보행자 및 사물에 대해 식별이 잘 인식되어야 하고 색온도가 주거환경에 부합될 수 있도록 3,500K 정도를 유지해야 온화한 색상을 띠어 환경적으로 보행자에게 심리적인 안정감을 준다. 아울러 침입광에 의한 빛의 역습으로부터 수면방해를 일으키지 않도록 절제된 조명배광이 필요하다.

지금까지는 1986년대 처음 설치되어 현재까지 유지되어 왔던 확산형 보안등을 주로 사용하고 있으나 주거환경의 미적 경관을 위해 이제는 접어야 할 조명기구로 의식과 수준이 높은 시민에게 배척받는 기구이다. 마침 서울시에서는 부녀자들의 안심귀가를 위해 주택가 빛환경을 현행 3~5룩스에서 5~10룩스로 상향조정하여 빛의 밝고 쾌적한 공간조성으로 사각지대를 해소하고 있고, 여기서 우리는 빛공해 저감을 위해 조명 배광을 골목형태에 따라 여러 패턴으로 구사할 수 있다. 이렇게 설치할 경우 등주 수량도 줄이면서 충분한 배광 확보로 주택가의 빛환경과 도시미관도 확보되면서 안전도 지킬 수 있다.

우선 골목 구조를 보면 L자형 골목, I자형 골목, T자형 골목, 막다른 골목 등 그 유형이 다양하다. 보안등기구도 도로구조별로 차별화한다면 빛환경과 주거환경은 매우 다르다. 여기에는 배광패턴 자체가 다르기 때문이다. 그림 7.16의 배광은 등주 쪽은 후사광이 전혀 없는 빛공해 없는 조명환경을 조성하고 있고, 전사광 쪽은 빛을 충분히 확보하고 상향광을 0%로 줄여 산란광을 통제한 빛으로 밤길을 안전하면서도 즐겁게 보행할 수 있는 기능적인 고효율 조명기구이다.

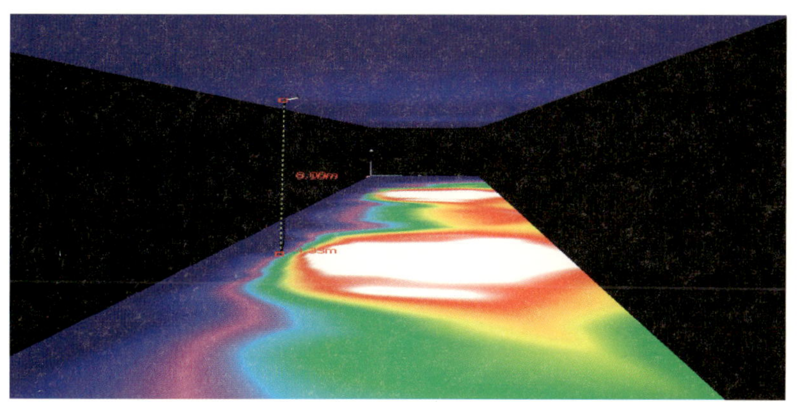

그림 7.16 골목길 구조별로 다양화된 공간을 기능적으로 빛을 조사한 배광

도로	도로형태	정면	측면	상단
1방향 배광	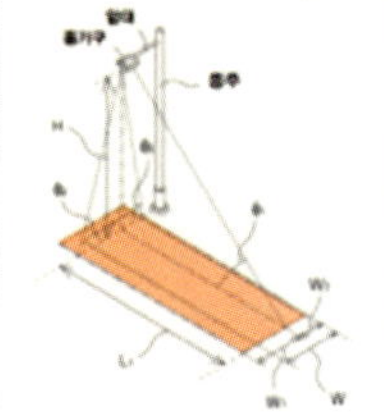	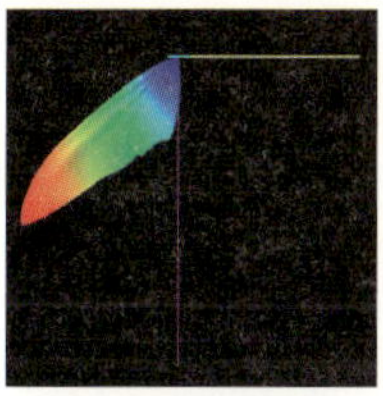	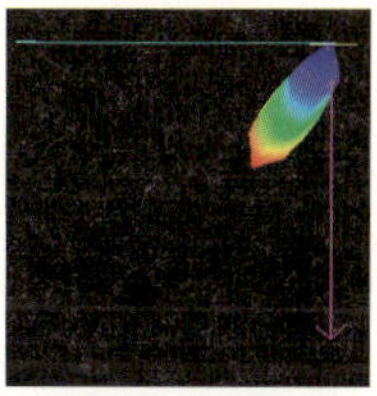	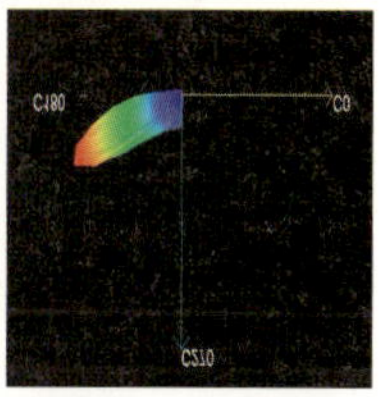
T자 배광	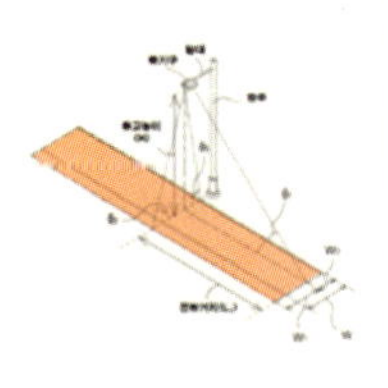	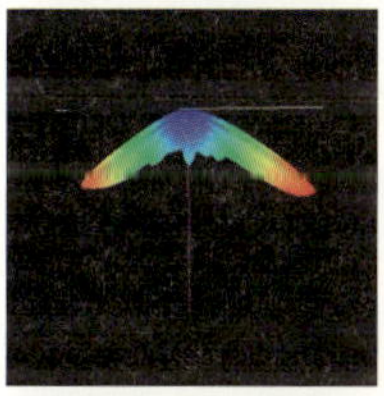	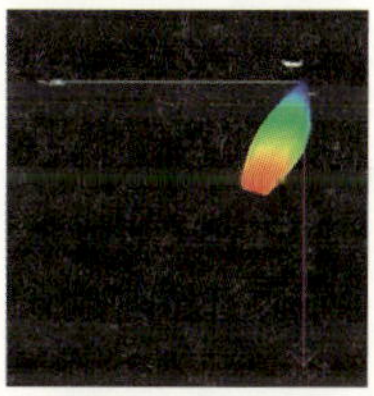	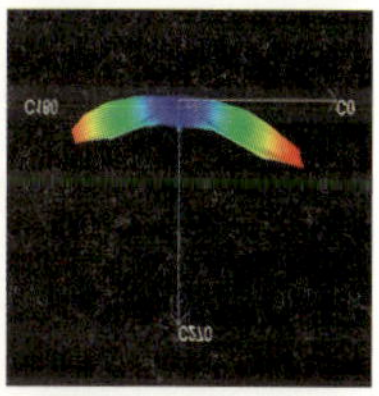
L자 배광	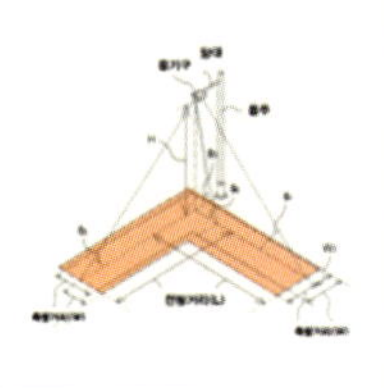	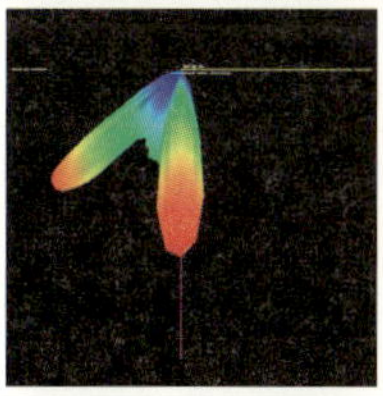		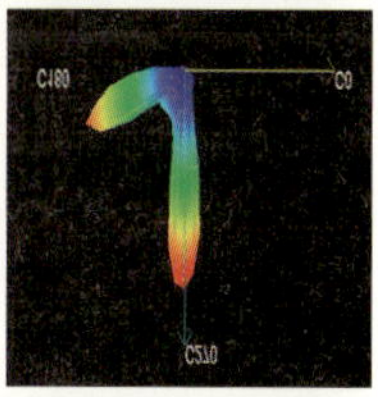
T자 배광	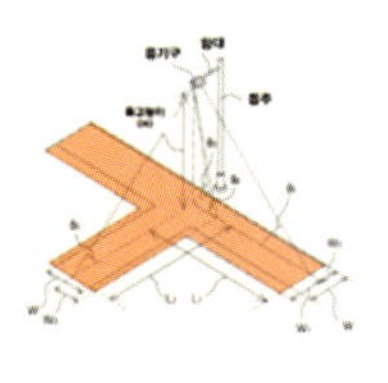	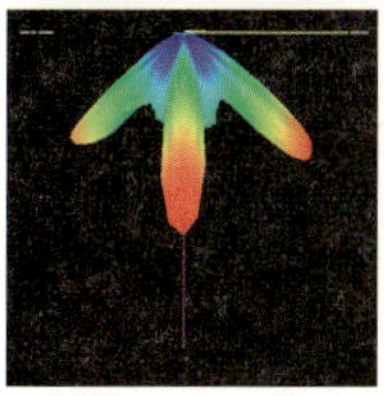		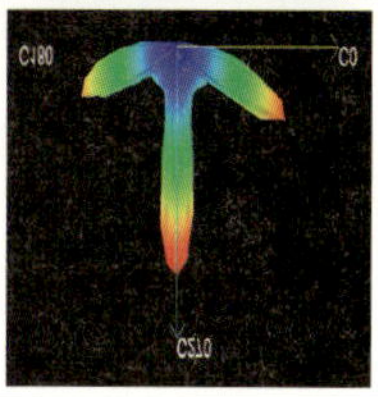

그림 7.17 골목길 구조별 UBFG 제어형 주택가 조명의 배광

그림 7.19의 일반 LED 70 W보안등을 설치했을 경우와 그림 7.20의 UBFG 제어형 LED 50 W보안등을 설치했을 때의 연직면조도와 수평면조도를 비교·분석한 결과를 나타낸다. 바닥면조도는 일반의 LED조명을 설치했을 때보다 UBFG제어형 보안등을 설치한 결과 평균 2.5배 조도가 높아진 것으로 나타났다. 연직면조도는 보안등의 전면부는 평균 4배, 전사광과 후사광은 평균 3배, UBFG제어형 보안등의 조도가 기존 보안등보다 감소하는 것으로 나타났다. 즉 UBFG제어형 보안등은 연직면조도를 감소시켜 주택내 침입광을 근절시키므로 일반등보다 유효조명영역을 효율적으로 배광하는 것으로 분석되었다.

그림 7.18 확산형 나트륨 주택가 보안등(100 W)

그림 7.19 일반 LED 주택가 보안등 (70 W)

그림 7.20 UBFG제어형 LED주택가 보안등 (50 W)

3) 공원조명

우이천은 강북구 삼각산과 도봉산 경계를 이루는 우이령계곡에서 발원하여 중랑천으로 유입되는 하천으로 연안은 강북, 도봉, 노원, 성북구 등 4개구청 관할로 하천길이는 약 5킬로미터의 구간을 이루고 있다. 이번에 빛환경을 개선한 구간은 도봉구 한일병원 앞에서 성북구 경계인 월계2교까지로 양안 중 편측에 3.3킬로미터를 정비하였다. 개선 전에는 나트륨등 250 W 확산형 조명기구가 설치되어 하천변 산책로뿐만 아니라 하천에까지 빛을 비추고 있어 산책로의 밝기가 충분하지 않을 뿐만 아니라 하천과 허공으로 날아가는 빛만 양산하고 있었으며, 깊은 밤에는 산책하는 시민이 없어 효용이 없는 데도 불구하고 조명이 밤새 켜져 있다는데 문제를 갖고 있었다.

2011년 지식경제부로부터 확보된 LED보급 사업비를 배정받아 강북구청과 협의를 거쳐 산책로만 빛을 비춰 절제하는 조명계획을 수립하여 202등을 LED 75 W로 교체하였다. 결과는 에너지는 70 % 이상 절감하고 상향광과 허공으로 방사되는

그림 7.21 우이천 빛환경 개선 사례 / 4단계 디밍운영

빛은 엄격히 통제하여 빛공해 저감의 모범적 사례로 실사구시의 장이 마련되었다. 우이천 환경개선 사례는 자연과 사람, 그리고 빛을 통해 도시환경을 새롭게 재정립한 빛의 활용이라는 주제로 2012년 콜롬비아 국제도시조명연맹 총회에서 발표되었고 많은 호응을 받았다. 노면 평균조도 22룩스, 균제도 0.4로 기존 조명환경 보다 기능적으로 월등히 밝으며, 이용시민에게 큰 호응을 받고 지역주민의 사랑받는 산책 운동공간으로 자리매김한 빛환경의 최적화 공간이다. 오늘도 하천변 주민들은 건강한 삶을 위해 즐긴다.

한강둔치의 조명계획은 조화로운 한강변의 야경을 만드는 가운데 있어 특히 여의도의 한강시민공원은 서울의 첨단문화도시와 자연적 요소로서 물과 땅이 만나는 독특한 문화공간의 성격을 담고 있다. ULP의 이연소 빛공해연구소장은 한강에 가까이 갈수록 빛은 사라지고 어둠 속에서 빛의 흔적만 청야의 절제된 최소한의 빛! 밤을 배려하는 빛으로 연출했다고 말한다. 맞다, 빛은 절제되어야 하고 어두움이라는 밤의 고유 기능을 존중해주어야 한다. 어둠을 기조로 필요한 곳만 조명을

그림 7.22 한강둔치의 오픈스페이스 조명(ULP)

함으로써 사람들이 필요로 하는 밤의 안전을 확보하면서 밤을 지킬 줄 아는 배려가 그곳에 있지 않을까. 그림 7.22는 기존에 나트륨등 400 W를 메탈등 150 W로 교체한 빛환경으로 도시적이고 한강물과 잘 어울리는 빛의 정체성을 갖고 있어 많은 시민들에게 사랑받는 빛의 문화공간으로 자리잡고 있어 여름철에는 더욱 사랑받는 곳이기도 하다. 이 작품은 2013년 11월 국제도시조명 총회 개최지인 중국 광저우시에서 2등상을 받아 국제적으로도 품격 있는 조명계획을 인정받은 거작이다.

7.3.2 장식조명 개선 사례

1) 제2롯데월드 장식조명계획

제2롯데월드는 송파구 신천동 29번지에 위치한 도시계획상 상업지역, 제1종 지구단위계획구역으로 건축규모는 지상 555.0 M, 지상 123층, 지하 6층이다. 컨셉은 BRIGHT FACADE로 서울, 나아가 한국을 대표하는 글로벌브랜드 이미지 구축, 세계 속에서 빛나는 롯데! 그 중심이 되는 롯데월드타워! 이다.

① 시감은 따뜻한 색감의 자연광인 햇빛의 느낌을 연출하기 위해 색 온도를 2,500~3,500 K로 적용했다.

② 공공성을 위해 시설물과 통합된 디자인조명, 가로시설물과 가로등의 통합으로 공간감을 확장하고 효율성을 높였다.

③ 안전성은 용도의 특성에 적합한 조명방식과 보행자 중심의 조명계획을 반영하였다.

또한, 은은하고 간접적으로 표현된 입면의 빛은 임펙트를 형성하여 시선을 사로잡도록 했고, 강열한 빛으로 인한 눈부심을 줄이도록 건축과 일체화하여 세련된 빛효과를 볼 수 있도록 계획하였다.

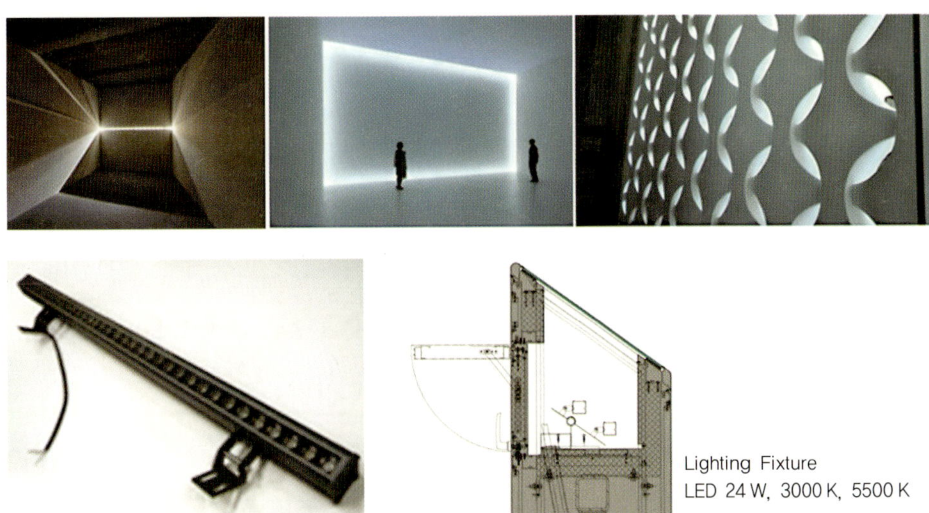

그림 7.23 색온도의 밝기조정 디밍시스템 구축(서울시/이온에스 정미소장, 제2롯데월드)

그림 7.24 서울시(이온에스 정미소장, 제2롯데월드)

2) 운현궁 문화재조명

운현궁운 사적 제257호로 흥선대원군의 사저로 조선조 26대 임금인 고종황제가 즉위하기 전까지 살았던 잠저로 대한제국 때 유서 깊은 공간이다. 이곳에 2012년 8월 21일 문화관광디자인 본부에서 경관조명을 설치하겠다는 심의도서가 빛공해방지위원회에 접수되었다. 심의 전부터 담당자와의 협의 과정에서 운현궁내 폴 조명은 불가하고 궁내에서 굴착한다는 발상도 맞지 않다고 논쟁을 벌이며 설득하였으나 심의 결과 방향을 잡아주면 그 결과에 따라 시행토록 하겠다는 의견이 있어 심의에서 폴 설치 대신 조명기구를 특수하게 제작하여 축전지로 전등을 켜고 이동식으로 하는 방향성을 제시했다(심의번호 41-5호).

심의의결은 다음과 같다. 1. 실내등 및 실외 보안등, 볼라드등 조명계획은 문화재에 대한 가치적 배려를 고려하지 않은 계획으로 운형궁의 조화를 이룰 수 있는 조명계획이 필요하므로 조명전문가에 의해 설계를 하도록 함. 조치방안 제시 내용은 기존 문화재와 조화되지 않은 조명계획은 전면 수정하여 운현궁의 문화재 가치를 높일 수 있는 조명연출 방안을 마련토록 하겠음. 2. 특히, 운현궁 보안등은 지주 없는 조명계획 방안에 대해 구체적으로 검토 요망. 조치방안으로 지주조명 지양하겠음.

의결사항에 대한 조치결과 조명방식을 연구하고 실험하여 설치 전 시뮬레이션 후 설치한 결과 빛환경 연출내용은 매우 만족스럽다. 특히 건축물 벽면의 조명은 LED바 1M 18 W, 건축물 장식조명은 사각형으로 세로 15 cm, 가로 10 cm로 LED 3 W를 적용하여 여러 차례 현장실험과 배광 데이터 분석을 통해 얼룩현상을 최소화할 수 있도록 바닥면에서 10° 정도 벽면으로 향하도록 하여 상향광을 제거하고 벽면의 조명영역을 은은하게 조사하는 방법과 색온도도 3,000 K로 고궁의 분위기를 살려내 품격 있는 운현궁의 야간경관을 이루어낼 수 있었다. 여기서 우리는 처음 시도하는 기획도 설계자의 환경을 중시하는 분석능력에 따라 새롭고 창의적인 빛의 연출이 가능하고 이러한 결과가 좋은빛 가이드라인으로 만들어진다는 것을 알았다.

그림 7.25 서울시(ULP)

3) 숙박시설 장식조명

도시의 공간은 정치, 경제, 문화, 교육, 언론 등이 유기적으로 공유하며 시민들이 사회적 환경을 이루며 살아가는 곳이다. 언제부터인가 도시에는 상업지역뿐 아니라 상업지역과 접한 주거지역 경계에도 모텔촌이 들어 서 있다. 다양한 연령대의 많은 시민들이 출근, 등교, 귀가를 위해 모텔촌 옆을 지나야 하는 일상이 펼쳐진다. 인공조명에 의한 빛공해 방지법 제정 당시 요식업협회, 숙박업협회 등 이해관계자와 간담회를 하면서 숙박시설의 조명을 지금처럼 해야 되는 것인지 질문했더니, 우리도 좀 창피하지요! 라고 말한 것을 기억한다. 개선할 방법이 없는지라고 또 물었더니 숙박시설임을 표시할 수 있는 무엇인가를 광고물에 반영해 주었으면 한다는 말을 했다. 이용객이 숙박시설을 쉽게 인식하면 좋겠다는 요지였다. 그렇다면 숙박시설 조명개선은 그리 어려운 것은 아니라는 생각이 들었다.

일부 숙박시설의 외부조명이 화려하여 시각적으로 혼란스러운 부정적 인식을 심어주는 경향이 있으므로 자극적이지 않고 편안한 빛환경을 조성하는 빛의 절제가 필요하다. 즉 사람들은 감성적인 건축화조명 빛환경에 더 호감을 갖게 될 것이다.

숙박시설 장식조명의 설치 가이드라인은 다음과 같다.

① 원색의 조명계획 지양

② 따뜻한 계열의 색온도 적용

③ 광원의 직접적인 노출 지양

④ 자극적인 연출은 가급적 억제하되 필요시 주변 환경과 조화롭도록 계획

⑤ 편안하면서도 아늑한 공간미를 살리는 조명계획으로 도시미관 형성에 기여

⑦ 시뮬레이션을 통한 소비에너지에 대한 사전검토

⑧ 시간대별 건축물 표면휘도 또는 빛의 강약 조절을 위해 제어시스템 구축

그림 7.26 자극적인 숙박시설조명(좌), 온화한 분위기의 숙박시설 조명(우)

7.3.3 광고조명 개선 사례

서울시는 아름다운 간판 개선사업을 계획적이며 지속적으로 추진하기 위해 간판의 규격, 글자체, 색상 밝기 등을 종합적으로 검토하여 이해당사자인 업주와 건축주와 긴밀한 협의를 도출하여 건축물 외관에 부합되고 도시적인 방안으로 디자인하여 종전보다 더 세련되고 상업의 효과를 더 밝음과 더 큰 규모에서 가져오던 종전의 방식을 과감히 탈피하여 상인들 간의 공동 이익을 추구하여 이면도로의 환경과 주거·상업공간의 이미지를 새롭게 탄생시킨 사회공동체의 시민정신을 살려냈다. 이런 사례는 전국적으로 간판개선사업의 기준이 되고 있다.

연도	조성거리	개선업소
총 계	67	9,437
2011년	22개소	2,569
2012년	21개소	3,130
2013년	24개소	3,738

그림 7.27 광고물 일대 정비를 통해 도시미관 개선 후 효과 (개선 업소 수)

그림 7.28 광고물이 무질서하게 난립한 광고판

도로조명은 차선축균제도가 차선별 50%의 차등을 둘 수 없도록 되어 있다. 그러나 상가조명에서 발산되는 빛에 의해 균제도에 영향을 준다면 도로조명 설치계획에 있어 도로여건분석 외에 또 하나의 빛환경 요소를 재검토해야 하는 점을 안고 있다. 현재 이러한 조명설계는 기획단계에서 전체에 대해서 고려하면 부분에 대한 검토는 사실상 어려운 여건이다. 도로조명은 도로의 교통환경을 최적화하는 것이 목적이다. 사적 공간과 공적 공간의 빛환경이 서로 간섭하지 않으면서 조화를 이루기 위해서는 사적 공간의 상업조명도 어두움이라는 영역에서 공공조명에 영향을 주지 않으면서 고객을 상점 내로 유인하도록 시각적으로 안정감을 주고 절제된 빛을 통해 마음을 움직이는 빛으로 탈바꿈이 필요하다. 공적 공간과 연계된 사적 공간도 공적 공간의 빛이다.

그림 7.29 도로조명에 영향을 주는 광고조명(벌브형)

그림 7.30 공도의 균제도를 고려한 건축화 경관조명(2014, 좋은빛 우수상, 알토)

7.3.4 빛공해 개선 효과

서울시내 가로등 240,691개, 주택가 보안등 226,849개, 오픈스페이스 공간내 공원 등 34,119개, 공공 부문 경관조명 24,417개, 광고조명 1,300,000 등 중 800,000개를 대상으로 전력량과 빛환경에 미치는 영향과 개선 효과는 다음과 같다.

1) 조명시설적 전력량 절감

공공 부문의 공간조명인 가로등, 주택가 보안등, 오픈스페이스의 공원등을 빛공해 방지를 위해 조명이 필요한 영역만을 조사할 수 있도록 조명기구의 리플렉터 개선과 방전등을 LED조명기구로 대체하고 광고조명도 기존의 형광등 200 W/m²를

LED 50 W/㎡ [(절약률 : 75 %(200 W/㎡ ⇒ 50 W/㎡)는 시범운영 결과치임] 로 광고판 규격을 1개당 2 W/㎡로 적용하면 공공조명에서 136,811 MWH를 절약하고 광고조명에서 1,051,200 MWH를 절약하여 총 절감량은 1,188,011 [MWH]가 되는 결과를 얻었다. 이를 전기요금으로 환산하면 약 1,188억 원/년간 절감액이 분석되는 것을 알 수 있다.

2) 환경적, 생태적 저감 효과

전기사용량 절감에 따른 기후환경변화 측면에서 분석해보면 이산화탄소는 335,364 [ton/년] 감소되어 중부지방 20년생 소나무 1억5천9백만 그루를 심은 효과를 가져올 수 있다. 즉 고리 원자력발전소 1호기 연간발전량(5,177,866 Mwh)의 약 23 %로 지속가능한 녹색성장 동력원 확보가 가능하다. 또한 야간 조명으로 인한 수면장해를 해소하고 정온하고 편안한 야간의 환경 조성과 안전한 보행환경을 조성함은 물론, 교통환경의 최적화로 안전운전 및 쾌적한 소통공간 마련 등 생태계 보호와 자연환경을 배려함으로써 서울에서도 저녁에 더 많은 별을 볼 수 있다.

3) 정책적 효과

좋은빛환경 구축으로 서울 야간의 정체성과 감성적인 시민정서 함양 등 품격을 높이고 서울브랜드 가치 제고와 문화, 관광자원화를 기해 관광객 유치에 기여할 수 있다. 서울시는 그동안 도시빛정책의 기조를 개념 없는 밝음에서 기능적이고 어둠은 존중하면서 도시의 빛을 절제와 가감을 통해 City, People, Light의 관계에서 환경을 생태적으로 변화시킨 결과, 2009년 청계천의 생태경관조명과 2013년 11월 광저우, 한강둔치의 친환경조명 개선으로 각각, LUCI본부로부터 1등상과 2등상을 수상하여 서울의 도시빛정책의 긍정적인 평가를 받아 2016년에는 국제조명도시연맹 총회 개최권을 따내어 한국의 빛과 얼을 알리는 계기를 마련했다.

| 참고문헌

1. LED 조명기기 시범설치 및 효과 분석, 에너지관리공단, 산업자원부, 2006.
2. 최신 조명환경원론, 지철근 외, 문운당, 2007.
3. LED 채널간판 기술기준 연구, 에너지관리공단, 산업자원부, 2007.
4. 고효율 LED 조명 실제와 전망-고효율 LED 조명기기 분석, 정봉만, 에너지기술 인력양성센터, 2007.
5. OSRAM Korea Product Catalog, OSRAM, 2005.
6. LED Application for channel letter in the sign industry, 박재환 · 임동혁, DSSL2008, 2008.
7. 최신 조명환경원론, 장우진 외, 문운당, 2008.
8. LED 조명 신뢰성 핸드북, 일본LED조명추진협의회, 2008.
9. LED 조명기술개론, 한국조명연구원, 2010.
10. 가축관리학, 곽종형 · 김선균 · 김용식 · 이병오 · 하서현, 선진문화사, 1998.
11. 稲田勝美, 光と植物生育(光選擇利用の基礎と應用), 養賢堂, 1984.
12. 작물재배, 류수노 · 김충국, 농민신문사, 2013.
13. 재배학원론, 류수노 · 김관수, 한국방송통신대학교 출판부, 2010.
14. 너무 밝은 서울 '불야성' 1위 빛공해의 실태는?, SBS뉴스 보도자료, 2012.
15. 빛공해 방지를 위한 공간조명의 배광제어 기법에 관한 연구, 이명기, 박사학위논문, 경희대학교 대학원, 건축공학과, 2013
16. http://www.goodlight.or.kr/main.do(2014.9.02)
17. http://iaqinfo.nier.go.kr/leinfo/light_define.do(2014.9.10)

저자소개

김정태 미래창조과학부 한국연구재단지정 지속가능건강건축연구센터장(ERC)

경희대학교 공과대학 건축공학과 교수(공학박사)
(사)한국환경조명학회 회장, (사)한국국제다크스카이협의회(IDA Korea) 회장
서울시 좋은빛위원회 위원장, 한국과학기술한림원 정회원

김충국

농촌진흥청 국립식량과학원 농업연구관
충남대학교 대학원 농학과(농학박사)
(사)한국작물학회 부회장, (사)한국국제농업개발학회 · (사)한국약용작물학회 이사

임종민

(재)한국조명연구원 조명환경연구본부 본부장(공학박사)
(사)한국환경조명학회 이사
한국산업표준(KS) 인증심사원

양우근

환경부 폐자원에너지과 사무관
제53회 행정고시
고려대학교 화학공학과(학사)

구진회

국립환경과학원 생활환경연구과 공업연구사
(사)한국환경조명학회 이사
인하대학교 공과대학원(공학석사)

김 곤

경희대학교 공과대학 건축공학과 교수
(사)한국환경조명학회 부회장
미국 Texas A&M University(건축학박사)

이명기

전) 서울특별시 도시빛정책팀장
(사)한국환경조명학회 부회장, 한국빛환경평가사협의회 회장
경희대학교 대학원(공학박사)

이 저서는 2014년도 정부(미래창조과학부)의 재원으로
한국연구재단의 지원을 받아 출판되었음(No. 2008-0061908)

This book was supported by the National Research Foundation of Korea(NRF) grant funded by the Korea government(MISP)(No. 2008-0061908)

조명과 빛공해

2014년 11월 1일 1판 1쇄 인쇄

2014년 11월 5일 1판 1쇄 발행

저자	김정태 · 김충국 · 임종민 · 양우근 · 구진회 · 김곤 · 이명기
발행인	강 해 작
발행처	기 문 당
주소	서울시 성동구 무학봉28길 4-1
전화	02)2295-6171(代)~5
팩스	02)2296-8188
출판등록	1976. 10. 7(1976-2)
홈페이지	http://기문당
	http://www.kimoondang.com
ISBN	978-89-6225-616-1 03560
정가	20,000원

이 도서의 국립중앙도서관 출판시도서목록(CIP)은 서지정보유통지원시스템 홈페이지(http://seoji.nl.go.kr)와 국가자료공동목록시스템(http://www.nl.go.kr/kolisnet)에서 이용하실 수 있습니다.(CIP제어번호 : 2014030166)